Heinrich Oidtmann

Die Glasmalerei

Teil 1

Die Technik der Glasmalerei

Elibron Classics
www.elibron.com

Elibron Classics series.

ISBN 1-4212-1185-8 (paperback)
ISBN 1-4212-1184-X (hardcover)

This Elibron Classics Replica Edition is an unabridged facsimile of the edition published in 1893 by J. P. Bachem, Köln.

Die Glasmalerei

von

Dr. H. Oidtmann.

I. Theil.

Die Technik der Glasmalerei.

Die Glasmalerei.

Allgemein verständlich dargestellt

von

Dr. H. Oidtmann.

Mit 48 Textbildern und 2 Tafeln.

Verlag und Druck von J. P. Bachem, Köln.

Vorwort.

Am 4. April 1892 besuchte der Aachener Gewerbe-Verein, dem Beispiele des Aachener Geschichts-Vereins folgend, unter Führung seines Vorsitzenden, des Bauraths Professors Dr. Heinzerling, derzeitigen Rektors der technischen Hochschule zu Aachen, die Linnicher Kunst-Anstalt für Glasmalerei und Kunstverglasung. Vor der Besichtigung der Anstalt wurde die Technik der Glasmalerei durch den Unterzeichneten, den derzeitigen Inhaber der Anstalt, in einem allgemein verständlichen Vortrag erklärt. Dem Wunsche vieler Besucher entsprechend, wurde der Vortrag nach einer ergänzenden Ausarbeitung in Druck gegeben.

Von einem tiefern Eingehen in Einzelheiten, von weitläufiger Aufzählung der bekannten, zum grossen Theil unbrauchbaren Farbenrezepte, wurde bei der Drucklegung, wie vorher bei dem Vortrage, abgesehen. Hierüber vielleicht später einmal in einem grössern Werke, welches Verfasser im Laufe der Zeit unter Hinzufügung weiterer erklärender Illustrationen herauszugeben gedenkt. Die in diesem Buche enthaltenen Abbildungen können nur ein oberflächliches Bild geben, da selbst farbige Tafeln die Haupteigenschaften der Glasmalerei, vor allem die leuchtende Farbenpracht, nur unvollkommen wiederzugeben vermögen. Die Abbildungen sind theils Originalaufnahmen, theils Aufnahmen nach andern Werken

Romanisches Fenster aus dem Chor der Kirche zu Heimersheim a. d. Ahr. 13. Jahrhundert

(nach: H. Kolb, „Glasmalereien des Mittelalters und der Renaissance," Stuttgart, Wittwer 1884, Schaefer & Rossteuscher, „Ornamentale Glasmalereien des Mittelalters und der Renaissance", Berlin, Ernst Wasmuth 1885; beide Werke enthalten eine grosse Zahl vorzüglicher Farbendrucke; nach Fr. Schmitz, der Dom zu Köln 1877, Schwann'sche Verlagshandlung und nach Andern). Auch wurden die nicht zur Glasmalerei gehörenden Verfahren, Aetzerei, Sandgebläse sowie die Surrogate, Diaphanien usw. übergangen. Die ziemlich umfangreiche Litteratur wird als Anhang eines weitern Vortrages über die Geschichte der Glasmalerei, welcher voraussichtlich bis zum Frühjahr druckfertig sein wird, eingehende Berücksichtigung finden*). Bei der Beurtheilung dieses Werkchens bittet der Verfasser, wohl zu berücksichtigen, dass dasselbe lediglich bezweckt, den Theil des Publikums zu unterrichten, dem es unmöglich ist, grössere Werke durchzuarbeiten bezw. denjenigen, welche sich weiter in diesem Fache umsehen wollen, als Leitfaden zu dienen. Möge es diesen Zweck erfüllen! Das walte Gott!

Linnich, im December 1892.
(Rheinland)

Dr. Heinrich Oidtmann.

*) Zweiter Theil: Geschichte der Glasmalerei. — Dritter Theil: Bisher erschienene Werke und Abhandlungen über Glasmalerei mit Inhaltsangabe und kritischen Bemerkungen.

I. Theil:

Technik der Glasmalerei.

Noch bis zum heutigen Tage hört man es vielfach beklagen, dass die herrliche Kunst der Glasmalerei, einer der schönsten Zweige der christlichen Kunst, wohl niemals ihre mittelalterlichen Vorbilder vollständig erreichen würde.

Dank dem rastlosen Streben und unermüdlichen Arbeiten tüchtiger Forscher und gründlich ausgebildeter Fachleute können wir doch heute mit berechtigtem Stolz behaupten, dass unsere schöne Kunst sich in ihren Leistungen den alten Werken kühn zur Seite stellen darf.

Gerade in den letzten Jahren sind die Fortschritte ganz ausserordentliche gewesen, so dass wir heute auf einen grossen, um nicht zu sagen den grössten Theil unserer älteren Werke mit Beschämung zurückblicken. So stammen auch aus der hiesigen, bereits im Jahre 1858 von meinem verstorbenen Vater, Dr. H. Oidtmann, gegründeten Linnicher Kunstanstalt eine grosse Zahl von Fenstern, welche nur zu deutlich die Mängel der damaligen Technik und des in jener Zeit verwendeten Glases zeigen[1]). Einerseits sind wir durch das vervollkommnete Material, das prachtvoll leuchtende Antikglas, in dessen Herstellung seit seiner Erfindung im Jahre 1855 bedeutende Fortschritte gemacht worden sind,

[1]) Man soll bei Beurtheilung von Fenstern diesen Umstand wohl berücksichtigen und danach nicht die Leistungsfähigkeit der ältern Anstalten beurtheilen. Diese Mängel sind der damaligen Glasmalerei überhaupt zuzuschreiben, nicht den einzelnen Anstalten.

in den Stand gesetzt, das herrliche Farbenspiel der alten Glasmalereien getreu wiederzugeben, andererseits haben wir heute gründlich vorgebildete und zwar eigens für unser Fach vorgebildete Zeichner und Glasmaler. Mögen in früheren Jahren auch von bedeutenden Meistern grossartige Kartons gezeichnet [1]) worden sein, so entsprachen dieselben doch weder dem strengen Charakter noch der Technik der Glasmalerei. Dazu kam dann noch, dass die ausführenden Glasmaler die alte Technik nicht kannten und in Folge dessen unter Verkennung der richtigen Grundsätze die schon von vornherein für Glasmalerei falsch aufgefassten und zu weich gezeichneten Kartons auch noch in ungenügender, beziehungsweise unrichtiger Weise ausführten.

Wenn nun bis in die allerneueste Zeit hinein doch immer noch Arbeiten angefertigt werden, in welchen man die glänzende Farbenpracht der alten Werke vermisst, oder in welchen man verzeichnete — ich meine nicht etwa stylisirte — Formen findet, so liegt dies zunächst nur an dem Mangel an Leistungsfähigkeit einzelner Anstalten, deren Leiter oder Inhaber weder wissenschaftlich noch technisch befähigt sind, den berechtigten Anforderungen der heutigen Zeit zu genügen. Weit gefehlt wäre es, für derartige Mängel unsere schöne Kunst als solche verantwortlich machen zu wollen.

Neben den praktischen Erfahrungen erfordert die Glasmalerei sorgfältige kunsthistorische und technische Studien sowohl in der gesammten einschlägigen, heute schon ziemlich umfangreichen Litteratur, als auch an alten und neuen mustergültigen Glasmalereien. Hierbei muss ich gleich betonen, dass auch unter den alten Werken Arbeiten zweiten und dritten Ranges sich befinden; nicht alles, was alt ist, ist darum auch gut. Schon Edmund Levy sagt in seinem berühmten Werke »Histoire de la peinture sur verre« [2]): »De nos jours le peintre sur verre ne peut plus, comme autrefois, ignorer l'histoire de son art.« (Heutzutage darf der Glasmaler mit der Geschichte seiner Kunst nicht mehr, wie ehemals, unbekannt sein.)

Noch grössere Anforderungen, und das mit Recht, stellt Warrington in seinem vorzüglichen Werke [3]) an die theoretischen Kenntnisse des Glasmalers; er verlangt vom Glasmaler gründliches Studium der

---

[1]) Hierher gehören die an und für sich meisterhaft ausgeführten Fenster im südlichen Schiff des Kölner Domes. Die Glasmalerei des 19. Jahrhunderts nahm sich merkwürdiger Weise bei ihrem Wiedererwachen nicht die alten Werke zum Vorbild, sondern lehnte sich an die Kabinetmalerei der Renaissance an und gerieth so in falsche Bahnen.

[2]) Edmund Levy (et Capronnier) : Histoire de la peinture sur verre en Europe et particulièrement en Belgique. Bruxelles 1860.

[3]) William Warrington: The history of stained glass etc. etc. London 1848.

Architektur, der Heraldik und verschiedener Hülfswissenschaften als unbedingt erforderlich.

Besonders gute und reich illustrirte Werke haben uns England, Belgien und Frankreich geliefert. In den letzten Jahren ist auch die deutsche Litteratur in erfreulicher Weise bereichert worden. Eingehende Würdigung werden die Werke am Schlusse des geschichtlichen Vortrages finden.

Der Glasmaler muss ausserdem, wie schon oben angedeutet wurde, die Stätten bereisen, an welchen sich noch Reste monumentaler Glasmalereien oder gute neue Werke vorfinden, um diese in Farbenstimmung und Zeichnung auf sich wirken zu lassen und um die Technik derselben gründlich zu studiren.

Ein weiterer, und zwar recht häufig vorkommender Grund für die Verbreitung minderwerthiger Glasmalereien liegt in dem Kostenpunkt. Leider ist durch billiges Angebot die Werthschätzung unserer Erzeugnisse eine irrige geworden; dies ist um so schlimmer, als die Kenntnisse auf diesem Gebiet bei einem grossen Theil des Volkes und selbst bei Leuten, welche als Abnehmer dieser Werke Interesse daran haben sollten, noch recht mangelhafte sind. Es ist ein grosser Unterschied, ob vorzügliches Material oder ob minderwerthiges Glas angewendet wird, ob ein tüchtiger Künstler den Entwurf zeichnet und ausmalt, oder ob ein in der Ausbildung begriffener Anfänger die Arbeit ausführt.

Hierin, meine Herren, finden Sie die Erklärung der oft unbegreiflich scheinenden Preisunterschiede. Erhält dann der Auftraggeber dem niedrigen Preis entsprechende oder vielleicht nicht einmal entsprechende Arbeit, dann schweigt er kluger Weise, auch wenn er von der Minderwerthigkeit der Leistung überzeugt ist. Viele Auftraggeber werden so, abgesehen von dem eigenen Schaden, durch das Drücken der Preise unbewusst zu Mitschuldigen an dem Rückgang des tüchtigen Kunstgewerbes.

Es würde mich heute zu weit führen, auch fürchte ich den Vorwurf, zu sehr pro domo zu sprechen, — ein wenig, meine Herren, müssen Sie mir schon zugeben — sonst könnte ich Ihnen hierüber recht lehrreiche Beispiele in grosser Zahl anführen. Nur den praktischen Wink will ich Ihnen geben: Verlassen Sie sich bei grossen Aufträgen nicht zu sehr auf die von Ausstellung zu Ausstellung wandernden Renommirstücke und auf schöne Redensarten, sondern besuchen Sie, wenn möglich, verschiedene Anstalten, und urtheilen Sie dann nach den täglichen Leistungen. Gott sei Dank, besitzen wir heute in Deutschland mehrere vorzügliche Anstalten, welche ich im geschichtlichen Vortrag bei der Beschreibung unserer Zeitepoche aufzählen werde. Vor allem lassen Sie sich nicht durch billiges Angebot locken.

Auf noch einige Punkte glaube ich Sie hierbei gleich aufmerksam machen zu müssen. Man soll nämlich bei der Verglasung von Kirchen, auch wenn vorläufig nur einzelne Figurenfenster fertig gestellt werden sollen, gleich den ganzen Verglasungsplan, also die Darstellungen für alle Fenster, feststellen, damit man bei der Ausführung weiterer Glasgemälde einen inneren Zusammenhang zwischen dem Inhalt der einzelnen Fenster erhält. Bei beschränkten Mitteln ist es rathsamer, hübsch vollendete Teppichmuster mittelmässigen Figurenfenstern vorzuziehen.

Romanisches Fenster.

Auch werden manchmal merkwürdige Anforderungen bezüglich der Lieferzeit gestellt; diese wird oft zu kurz bemessen, als ob eine Anstalt auch nur gerade auf den einen Auftrag gewartet hätte. Man soll Skizzen und Vorarbeiten möglichst früh anfertigen lassen, statt im letzten Augenblick zu bestellen und unter Androhung von Konventionalstrafen sich eine kurze Lieferfrist auszubedingen — auf Kosten der Ausführung; bei frühzeitiger Bestellung hat der Glasmaler Zeit und Musse, die Komposition gut durchzudenken und durchzuführen, während der Besteller sicher sein kann, dass er zur richtigen Zeit seine Fenster und zwar in guter Ausführung erhält.

Die bis jetzt ungelöste und nach meinen praktischen Erfahrungen wohl auch in Zukunft ungelöst bleibende Streitfrage, ob wir die ganz strenge Richtung der Alten verfolgen sollen, oder ob wir unter Benutzung der Vorzüge der alten Vorbilder unsern eigenen Weg gehen sollen, will ich heute nur kurz erörtern. Die einzelnen Arten der Technik, die verschiedenen Malweisen, finden im geschichtlichen Theil bei der jeweiligen Zeitepoche ihre Würdigung.

Bei den romanischen und frühgothischen Bauten soll man sich die Glasmalerei der Alten unter Vermeidung ihrer Mängel als Vorbild nehmen, man soll also die Glasmalerei als Flächen- und

Dekorationsmalerei behandeln, welche, wie Reichensperger[1]) sehr richtig sagt, alle feineren Schattirungen und zarten Einzelzüge, sowie jede Rücksichtnahme auf Linien- und Licht-Perspektive ausschliesst; sie sollen lichtdurchwirkte Teppiche sein. Ich führe hier noch die Worte Professor Schaefer's[2]) an, welcher sagt: „Die glasgemalte Fläche stellt sich dar als einen Theil der Wand. Zwar bringt die Zeichnung es ja fast überall mit sich, dass Gegenstände im Fenster erscheinen, die nur in verschiedenen, hintereinander liegenden Ebenen gedacht werden können. Bereits im einfachsten Bandmuster durchflechten sich die dargestellten Streifen, passiren also vor- und hintereinander her; wo Blattbüschel auftreten, und die Blätter sich theilweise decken, liegt der Idee nach natürlich das eine dem Auge des Beschauers näher, das andere entfernter von ihm; der abgebildete Heilige, die Königsfigur hält das Buch, den Stab, das Szepter vor die Brust; der Thronsessel, der aufgespannte Teppich liegen hinterwärts. Aber was die malerische Ausführung angeht, so ist nichts geschehen, um dieses Vor- und Hintereinander weiter zu betonen, nichts, um das Ganze oder einen Theil körperlich zu machen. Einen Schlagschatten gibt es nicht, auch keinen Körperschatten im eigentlichen Sinne. Die sparsam auftretende Modellirung dient nur dazu, die Bewegung innerhalb einer und derselben Fläche deutlich zu machen. Es gibt deshalb auch keine Luftperspektive. Kommt es in einer figürlichen Komposition vor, dass eine Figur die andere theilweise deckt, dass letztere also hinter der ersteren zurücksteht, so sind im Gewande einer jeden dieser Figuren zwar vielleicht die vortretenden Partieen gegenüber den Tiefen der Gewandung gelichtet und so von ihnen abgehoben, aber keine Dämpfung des Tones, keine Abtönung im Ganzen verräth, dass das eine Gewand auf einem vom Auge entfernteren Plane liegt als das andere. Mit dieser Art von Malerei kommt es also wesentlich auf eine kolorirte Umrisszeichnung hinaus, und immer mehr gewinnt heutzutage die Meinung an Boden, dass die alte Kunst mit einer derartigen Behandlungsweise das stylistisch Richtige getroffen hat. Hier möge nur noch die Bemerkung Platz finden, dass es weit gefehlt sein würde, in der angedeuteten Art die Glasmalerei zu behandeln, ein Ergebniss der Reflexion zu erblicken. Vielmehr verbot sich ein Realismus der Darstellung, wie wir ihn in unsern Tagen widersinnigerweise auch in diese dekorative Dinge hineingetragen sehen, in den in Rede stehenden Zeitläuften von selbst; ihr malerisches Können leistete nicht mehr als jenen Umriss mit seinen platt eingetragenen Lokalfarben und seiner nothdürftigen Modellirung. Aber dennoch sind ihre farbenglühenden

---

[1]) August Reichensperger: Fingerzeige auf dem Gebiete der kirchl. Kunst. Seite 47.

[2]) Die Glasmalerei des Mittelalters und der Renaissance von Carl Schaefer, Berlin 1881, Seite 11 u. 12.

Teppiche mit dem in der gleichen Fläche eingebetteten Figurenwerk und Laubornament, an monumentaler Stelle wenigstens, den auf Glas ausgeführten modernen Staffeleibildern eben so hoch überlegen, wie das naive Fabrikat des persischen Wollenwirkers den Blumenleistungen des akademisch geschulten Musterzeichners von Brüssel."

Eine weniger strenge Behandlung ist bei den spätgothischen Fenstern gestattet, da wir hier auch bei den mustergültigen alten Vorbildern schon Perspektive und mehr Modellirung vorfinden.

Volle Freiheit ist dem Glasmaler bei der Bearbeitung von Renaissance-Fenstern sowie bei den ausser dem Bereich der monumentalen Glasmalerei liegenden Kabinetmalereien gegeben. Hier kann er von allen Fortschritten der Neuzeit Gebrauch machen; auf diesem Gebiete lässt sich in seiner Art Grossartiges leisten. Als Beweis, wie weit man selbst in musivischer Glasmalerei gehen kann, möge nebenstehendes nach dem fertigen Glasbild aufgenommenes Thierstück von Deiker dienen, welches auf Verlangen mit passender Umrahmung in einer Grösse von 1,43 Meter Höhe und 0,85 Meter Breite als Treppenfenster angefertigt wurde.

Man soll jedoch diese Manier streng von der monumentalen Glasmalerei scheiden; bei dieser ist die süsse, weiche Malweise gänzlich zu verurtheilen, ich meine jene heute noch vielfach verlangte Manier, welche aus Unkenntniss der für monumentale Glasmalerei richtigen Technik und unter Verkennung der richtigen Grundsätze das Glasfenster zu einem durchsichtigen Oelgemälde umwandelt. Leider sind auch die besseren Anstalten oft genug gezwungen, sich den Wünschen der Auftraggeber zu fügen und in dieser Weise zu arbeiten. Dies zur Rechtfertigung bei Beurtheilung mancher Leistungen! Nicht die Anstalten tragen gewöhnlich die Schuld, sondern die Auftraggeber, welche den Glasmaler zwingen, nach ihrem Geschmacke zu arbeiten. Zu wünschen wäre nur, dass die verfehlte Technik wenigstens in ihrer Art vollendet ausgeführt würde, in der Regel findet man jedoch bei Unkenntniss der richtigen Grundregeln auch mangelhafte technische Ausführung.

Das Glas.

Beginnen wir nun mit unserm Rohstoff, dem Glase. Die Entstehungsgeschichte und die Beschreibung der Herstellung des Glases überhaupt können wir, als nicht in den Rahmen unseres Vortrages gehörend, füglich übergehen. Für uns genügen die für den Glasmaler wichtigen Gesichtspunkte.

Das alte Glas.

Das geschichtlich Ehrwürdige der alten Glasscheibchen ist nicht das Einzige, was uns so unwiderstehlich anzieht; das gewöhnliche Glas der Alten bekam in Folge der Herstellungsmängel einen bestimmt ausgeprägten Charakter, es wurde recht eigentlich monumental; für das beschauende Auge hatte es gleichsam einen durchsichtigen, metallischen Körper, durch die Beimengung unreiner Erdtheilchen war es vor Ton- und Farblosigkeit behütet, und die unsichere und beschränkte Technik der unbeholfenen Glasmacher brachte in die Oberfläche des Glases jene reizenden Rauhigkeiten, Streifen und Bläschen, welche dem alten Glase jener Jahrhunderte den spiegelnden und perlenden Glanz verleihen. — Gegenüber diesem natürlichen, unnachahmlichen Metallglitzern des alten unvollkommenen Fensterglases erscheinen unsere modernen, vollkommenen Glasscheiben, zumal die polirten grossen Spiegeltafeln, vom architektonischen und künstlerischen Gesichtspunkte aus buchstäblich leer und arm. Alle die ausgesucht tonlosen Gläser der Neuzeit, so unübertrefflich sie in ihrer Wasserhelle und Durchsichtigkeit auch sein mögen, bilden in ihrer Unsichtbarkeit, in ihrer optischen Körperlosigkeit wohl ein vortreffliches Material zur Verglasung von Schaufenstern und Gaslaternen: für einen monumentalen Bau können sie in ihrer

Nacktheit und Glätte die architektonische Bedeutung des alten Glases nicht beanspruchen. Unser modernes, tadellos weisses Fensterglas, ein oxydfreies, blank gestrecktes Silikat, ist für das Auge und soll ja auch für das Auge nur ein verkörpertes Nichts, eine luftdichte Leere sein. An unsern modernen Fenstern ist schön und architektonisch nur die Grenzlinie, der Rahmen des Glases, — das Glas selbst bleibt für den Anblick

Romanische Gruppenfenster; an den Abbildungen fehlt die farbenreiche Bordüre.

ein grosses viereckiges Seh-Loch und architektonisch nur eine Wandlücke. — Aehnlich wie eine vergilbte Pergament-Urkunde neben einem dünnen modernen Briefbogen, so erscheint unserer Phantasie ein, wenn auch noch so einfaches altes Glasfenster im Gegensatz zu den dünnen, ton- und formlosen Glasscheiben unserer modernen Bauten. Es fehlt dem letzteren Glase durchaus jene Derbheit des Materialcharakters, wodurch das massige, wulstige Glas der Alten die Wand-Unterbrechung der Architektur im Fenster harmonisch zu verdecken, so vorzüglich geeignet war.

Das gewöhnliche alte Fensterglas, dessen Spuren wir zuerst im 4. Jahrhundert n. Chr.[1]) antreffen, und von dem noch aus dem 11. Jahrhundert Reste vorhanden sind, wurde damals nur in kleinen, etwa handgrossen unregelmässigen Stückchen hergestellt; es war von aussergewöhnlicher unregelmässiger Dicke und hatte einen warmen, gelblich grünen Ton. Seine Oberflächen waren wellig, uneben, voll von kleinen und grossen Bläschen und Wärzchen; scharfkantige, faltenartige Leistchen überfurchten die Flächen und vermehrten die Rauhigkeit derselben.

Die künstlichen Bruchflächen dieses alten Fensterglases findet man stets unregelmässig bearbeitet, wie abgenagt, im Gegensatz zu den glatten, scharfkantigen Diamantschnittflächen der späteren Gläser. Auch das farbige Glas jener Zeiten besitzt, wie das flaschengrüne halbweisse die zufälligen Vorzüge welliger, unebner Oberflächen und eines hiermit verbundenen hohen Metallglanzes. Die Glaskünstler jener früheren Jahrhunderte verfügten anfangs nur über vier Sorten, nämlich rothes, blaues, gelbes und flaschengrünes Fensterglas; im 12. Jahrhundert kamen hierzu noch grünes und violettes Glas.

Die farbigen Gläser jener Zeit waren in ihrer ganzen Masse gefärbt. Die Beschreibung des Herstellungsverfahrens der farbigen Gläser aus jener Zeit ist in zwei interessanten Handschriften bis auf unsere Zeit gekommen. Heraclius[2]) und der Mönch Theophilus[3]) sind ihre Verfasser.

Die Färbung der Hüttengläser wurde, wie auch heute noch, durch Metalloxyde bewirkt, welche sich mit der Kieselerde bei der Schmelztemperatur zu Silikaten verbinden und dem Glase die ihrem Oxydationszustande eigene Farbe mittheilen; so entsteht Roth durch Kupferoxydul, Gelb durch Antimon, Blau durch Kobalt, Violett durch Mangan usw.

Um die Mitte des 14. Jahrhunderts fing man an, Ueberfangroth[4]) anzufertigen. Dies geschah, wie auch heute noch, dadurch, dass der Glasbläser zuerst weisses Glas auf die Pfeife nahm und dieses dann durch

[1]) Die Ausgrabungen von Pompeji und Herkulanum haben Glasstücke zu Tage gefördert, welche zu der Annahme berechtigen, dass schon damals, also 79 n. Chr., wirkliche Glasscheibchen anstatt der Alabaster- und Achat-Scheibchen verwandt wurden.

[2]) Heraclius: »liber de coloribus et artibus Romanorum (8.—9. Jahrhundert?), von den Farben und Künsten der Römer.« Originaltext und Uebersetzung mit Einleitung, Noten und Exkursen versehen von Albert Ilg. Wien 1873. Wilh. Braumüller, K. K. Hof- und Universitäts-Buchhändler.

[3]) Theophilus presbyter schedula diversarum artium. Revidirter Text, Uebersetzung und Appendix von Albert Ilg. Wien 1874. In diesem Werk sind auch die englischen und französischen, nach anderen Handschriften herausgegebenen Ausgaben angeführt.

[4]) Das rothe, in der Masse gefärbte Glas war am schwierigsten zu erzeugen. Kupferoxydul färbt so stark, dass auch bei geringen Zusätzen schon eine dunkele und undurchsichtige Färbung entsteht; man suchte nun aus der mit Kupfer gefärbten

Eintauchen in einen mit rothem Glase gefüllten Tiegel mit einer rothen Schicht überzog, worauf das Glas wie gewöhnlich geblasen und gestreckt wurde.

Im 15. Jahrhundert fertigte man auch blaues und grünes Ueberfangglas an.

In der ersten Hälfte des 17. Jahrhunderts konnte man in Deutschland kaum mehr ein Hüttenglas von tief gesättigtem Ton finden. Roth war ganz verschwunden.

Mit dem Verfall der Glasmalerei in der darauffolgenden Zeit und mit dem Ueberhandnehmen der weissen Scheiben liess die Herstellung des farbigen Glases immer mehr nach; vor allem fehlte dem neuen Glase das Feuer und die schöne Schattirung des alten Glases.

Mit diesem mangelhaften Material musste gearbeitet werden, als die Glasmalerei in unserm Jahrhundert wieder aufs Neue in's Leben gerufen wurde.

Heute verfügen wir ausser dem einfachen geblasenen weissen und farbigen Glase noch über das Kathedral- und das Antikglas.

Das Kathedralglas.

Das Kathedralglas, heute noch vielfach irrthümlich als das beste Glas angesehen, ist ein zuerst in England, dann in der letzten Hälfte der sechziger Jahre auch in Deutschland angefertigtes, gegossenes Glas; es wird in allen Halbtönen wie in allen Farben hergestellt; es besitzt wellige, glitzernde Oberflächen, an welchen das Licht, wie an hügeligem Glatteise, metallisch zurück- und hindurch geworfen wird. Dieses Kathedralglas wird auf grossen eisernen Tischen bei Weissgluth gegossen und durch rasches Ueberwalzen geplättet; es ist auf einer Seite von wellenförmigen, gleichlaufenden Streifen durchsetzt und mehr oder weniger undurchsichtig. Diesem Glase fehlt der Glanz und das Feuer des Antikglases; es findet Verwendung bei Kunstverglasungen und Teppichfenstern. Wegen seiner Rauhigkeiten braucht es nicht erst, wie das gewöhnliche Glas, bei der Verwendung zu Teppichfenstern mit einem

---

Fritte möglichst dünne Scheiben zu blasen, um weder der Schönheit der Farbe noch der Durchsichtigkeit des Glases zu schaden. Allein auch dieser Ausweg führte nicht immer zum Ziele und erhöhte überdies die Zerbrechlichkeit des Glases. Allen diesen Mängeln zu begegnen, erfand man das Ueberfangglas. Näheres siehe Gessert, „Geschichte der Glasmalerei" 1839, Seite 57.

matten Emailüberzuge vor dem Durchbrechen der Sonnenstrahlen geschützt zu werden. Ein und dasselbe Teppichmuster, in gegossenem Kathedralglase ausgeführt, wirkt viel monumentaler und feierlicher als in gewöhnlichem Fensterglase. Auch empfiehlt sich die Anwendung von Kathedralglas bei Verglasung von Treppenfenstern oder von nach engen, unansehnlichen Höfen führenden Fenstern zur Verdeckung der unschönen Aussicht. Das beste Kathedralglas liefert England; hieran schliessen sich in fast gleicher Güte die Hütten von Buchenau an der bayerisch-böhmischen Grenze, von Schliersee in Bayern, von Innsbruck und andere.

Das Antikglas.

Das Antikglas wurde 1855 zuerst in England wieder nach alten Mustern hergestellt; es wird geblasen und entspricht vollständig dem alten Glase. Es ist von Streifen und Leistchen durchsetzt, und hat in seinem Gewebe, welches sonst auf den Oberflächen glatt ist, eine Menge Bläschen und kleiner Unebenheiten. Hierdurch strahlen die Farben des Antikglases in einem besonders prächtigen Feuer. In Folge der verschiedenen Dicke zeigt es herrliche Abschattirungen in der Farbe. Diese Abtönungen der Farbe weiss der Kunstglaser mit ausserordentlichem Geschick koloristisch zu verwerthen; er schneidet sich die Stücke so heraus, dass er für die Lichtseiten der Mosaikteppiche und Figuren die dünneren und in Folge dessen helleren, für die Schattentheile die dickeren, dunkleren benutzt. Selbst für die farbigen Hintergründe wirken diese Dickenunterschiede der Gläser sehr vortheilhaft; sie bewirken auf der ganzen Hintergrundsfläche einen schillernden Glanz, der sich mit dem einfachen oder mit Kathedralglas durchaus nicht erreichen lässt. Unzählige Farben und Töne stehen dem Glasmaler zur Verfügung, wie Sie das schon aus der Zusammenstellung der in der hiesigen Kunstanstalt vorhandenen Antikgläser ersehen können [1]).

---

[1]) Vielfach hört man abfällige Urtheile über zu grosse Farbenauswahl: die Alten hätten nur über eine beschränkte Zahl farbiger Gläser verfügt und doch Grosses erreicht. Diese Ansicht ist irrig. Die Alten verfügten in Folge der mangelhaften Herstellungsweise des Glases über eine grosse Zahl von Abstufungen und Abtönungen einzelner Farben, wenn sie auch bei einer Arbeit nur eine bestimmte Anzahl zur Verwendung brachten. Auch heute ist es nicht anders, nur dass heute die Abstufungen mit Absicht gemacht werden. Selbstverständlich werden bei streng stylisirten Fenstern nur einzelne Farben zur Anwendung kommen, aber mit einander harmonirende Farben;

Musivische Glasmalereien in strengem alten Styl, besonders oder vielmehr unter allen Umständen Figuren- oder Medaillon-Fenster sowie bessere Teppichfenster sollten, wie dies in der Linnicher Kunst-Anstalt seit Jahren geschieht, nur aus diesem vorzüglichen, wenn auch theuren Material angefertigt werden. Nur durch das Antikglas lässt sich bei richtiger Vertheilung die glänzende und doch wieder so ruhig wirkende Farbenpracht der alten Fenster erreichen. Auch einfache Kunstverglasungen, aus diesem Glase hergestellt, machen einen vorzüglichen Eindruck.

Es gibt in der Masse gefärbtes und Ueberfang-Antikglas. In Deutschland wurde es zuerst in Schliersee in Bayern angefertigt; jetzt liefern auch gutes Antikglas die Hütten von Buchenau. Das beste Material liefert nach wie vor England.

Neben dem einfachen Ueberfangglas stellt man jetzt auch Doppelt-Ueberfangglas her, so dass auf jeder Seite der weissen, inneren Schicht eine andere farbige Schicht sich vorfindet[1]) auch fertigt man Ueberfang auf farbigem Glase an; so haben wir Roth auf Blau, auf Gelblich usw.[2]) Durch das Wegätzen der Ueberfangschicht mittels Flusssäure erscheint dann die Grundfarbe; hierdurch, sowie durch Auftragen des s. g. Silbergelb lassen sich sehr schöne Wirkungen erzielen[3]).

Zu erwähnen ist noch das gesandete oder Sandelglas, eine Nachahmung des Antikglases; es wird hergestellt, indem eine Seite durchsichtigen Glases in halbgeschmolzenem Zustande gegen eine mit Sand bestreute Fläche gepresst wird.

Ferner sei noch an die bekannten Butzenscheiben und die sogenannten Knöpfchen erinnert, welche in verschiedenen Farben hergestellt werden, und welche bei Kunstverglasungen schöne Wirkung hervorbringen.

---

nicht jedes Blau passt zu jedem Roth usw. Es ist also wohl berechtigt, von den verschiedenen Farben möglichst viele Abtönungen zu machen. Die grosse Zahl der gebrochenen Töne kommt uns bei der Anfertigung von Renaissance-Fenstern und von modernen Profan-Fenstern sehr zu Statten.

[1]) Die Alten fertigten dieses Glas auch zu dem Zweck an, eine dritte Farbe zu erzielen, z. B. blau und gelb, um grün zu erhalten.

[2]) Interessante Mittheilungen machen Carl Geylings Erben in der März-Nummer 1891 des „Diamant" über altes Ueberfangglas, wonach sie alte Glasstücke gefunden haben, bei welchen durch verschiedenartige Schichten im Glase (bzw. gelben Ueberfang auf weissem und auf farbigem Glase) schöne Farbentöne erzielt wurden. Verfasser hat eigene Erfahrungen hierüber noch nicht gemacht.

[3]) Hier sei ein neues Verfahren erwähnt, bei welchem durch Benutzung verschiedener Ueberfangplatten und durch Wegätzen des Ueberfanges die „störende Bleifassung" wegfallen soll. Dass dies Verfahren bei Monument-Glasmalereien kein Fortschritt ist, werden Sie nach der Besprechung des Bleies selbst beurtheilen können.

Die Butzenscheibchen, runde oder auch ovale Scheibchen von 6 – 12 cm. Durchmesser, haben auf der einen Fläche eine kreisförmige flache Vertiefung; dieser geringelten Vertiefung entspricht auf der andern Oberfläche eine kreisförmige flache Erhabenheit, welche zu einer nabelförmigen, stumpfen und rauhen Narbe ausgezogen ist. Konzentrisch um diesen Narbenpunkt herum verlaufen im Glase erstarrte, flach gefurchte Wellenringe. Diese Ringel und Furchen verleihen den Scheibchen einen magischen, glitzernden Metallschimmer. Das Scheibchen wird von der Mitte zum Rande hin dünner; der äusserste Rand, der eigentliche Saum, dagegen erscheint um Strohhalmsbreite dicker, weil er zu einem schmalen Wulst leicht umgefalzt ist. Auch die Butzenscheiben sind der Bemalung nicht entgangen, man findet auf ihnen Landsknechte, Köpfe, Wappen usw. Als eine grosse Geschmacksverirrung müssen wir die in letzter Zeit aufgetauchten gepressten Rosetten bezeichnen.

Kunstverglasung und Glasmalerei.

Bei der Herstellung der Arbeiten haben wir die Kunstverglasung und die Glasmalerei zu unterscheiden.

a) Die Kunstverglasung.

Die Kunstverglasung von der einfachen Rauten- oder Spitzscheibenverglasung bis zur reichsten Verbleiung in geometrischen und Flechtwerk-Mustern, sowie die Butzenverglasung ist das alleinige Werk des Kunstglasers. Im 15. und 16. Jahrhundert fehlte die Kunstverglasung fast in keinem Hause; auf vielen Gemälden der Meister des 15. und 16. Jahrhunderts finden wir die Fenster mit Verbleiung geschmückt. Den schönsten Verglasungsformen begegnen wir in Gemälden von Joh. van Eyck, Memling, A. Vos, Ostade, Teniers und andern vlämischen und niederländischen Genremalern.

Sehr schön und anheimelnd schildert von Falke in seinem Buche „Die Kunst im Hause" Seite 282 den Eindruck der Butzenverglasung. „Dem Fenster Zeichnung zu geben," so schreibt der berühmte Kunsthistoriker, „das Licht zu mildern, hatten unsere Vorfahren im 15. und 16. Jahrhundert auch ohne Farbe schon ein einfaches Mittel in den sogenannten Butzenscheiben, deren man wohl heute noch in vergessenen und veralteten Baulichkeiten antrifft. Diese kleinen Scheibchen sind weiter nichts als ein auseinander geflossener Batzen oder Klumpen Glases, der sich nach dem Rande zu verdünnt — etwas höchst Primitives, aus technischem Gesichtspunkte betrachtet. Dennoch haben sie ihren grossen Reiz. Sie mildern nicht bloss das Licht, sie lassen es spielen, sie machen es lebendig. Freilich muss man mit ihnen auf den Genuss der Aussicht, auf die Neuigkeiten der Strasse Verzicht leisten. Wer aber hinter ihnen weilt und wohnt und beobachtet, wie der Sonnenstrahl durch diese Butzen flimmert und mit seinen sanften, gebrochenen Lichtern auf der farbigen Umgebung, auf dem Teppich, auf der geschmückten Wand und all diesen Kunstgegenständen oder Siebensachen, mit denen wir uns umgeben, herumspielt, der vergisst nur zu leicht in solchem gemüthlichen Heim der verlockenden Dinge da draussen."

Auch in Van de Velde[1]) findet die Kunstverglasung und das mit Recht, einen warmen Fürsprecher. In den Schilderungen, welche Aeneas Sylvius, der spätere Papst Pius II., von den stattlichen Bürgerhäusern Wiens im 15. und 16. Jahrhundert entwirft, hebt er namentlich den Schmuck der Fenster, die monumentale Verglasung der Säle als Zeichen des vollendeten architektonischen Luxus und Geschmackes hervor.

b) Die Glasmalerei.

Die Glasmalerei zerfällt in zwei Hauptgattungen:

1) in die musivischen Glasmalereien, bei welchen ein Bild oder ein Teppichmuster aus verschiedenen farbigen Hüttengläsern zusammengesetzt wird; da diese an und für sich schon die Grundfarben enthalten, bringt man auf denselben nur noch die Umrisse und Schatten mit Schwarzloth an; es entsteht so ein durchsichtiges Glasmosaik;

2) in die sogenannten Kabinetmalereien, bei welchen das Bild durch Auftragen von Farben auf eine Scheibe weissen Glases aufgemalt wird. Auch findet man zuweilen beide Arten vereinigt.

Grisailfenster mit eingeflochtenen farbigen Glasstückchen; aus der St Elisabethenkirche zu Marburg (Ende 13. Jahrh.) Nach Kolb.

Musivisches, farbiges Teppichfenster aus der Bergkirche zu Herford (1350). Nach Schaefer & Rossteuscher.

1) Les vitraux incolorés des anciens monuments de Belgique par M. H. Van de Velde, Président de l'académie d'archéologie. Anvers 1865.

Bei den fertigen Arbeiten haben wir zunächst die einfachen Grisaillen [1]), mit Schwarzloth auf weisses oder getontes, einfaches oder Kathedralglas aufgemalte Teppichmuster; die Wirkung wird reicher durch Anwendung des sogenannten Silbergelb, sowie durch Einflechten kleiner farbiger Glasstückchen.

Hieran schliessen sich die musivischen farbigen Glasteppiche, bei welchen sich je nach der Vielfältigkeit des Glasschnittes und je nach dem Farbenreichthum, sowie nach der Mannigfaltigkeit und Verschiedenartigkeit der Friese Herrliches leisten lässt.

Romanisches Medaillonfenster. Mittleres Chorfenster aus St. Kunibert zu Köln. Nach der Zeichnung aus Boisserée war eine deutlichere Wiedergabe nicht möglich.

Eigenartig werden wieder die Maasswerke bei Kirchenfenstern behandelt, meistens Goldornament, stylisirte Blätter, Symbole auf blauem oder rothem Grunde, häufig Brustbilder von Propheten und Heiligen oder Engelsköpfe.

Bei den Bildfenstern unterscheiden wir die Medaillonfenster in musivischer Kleinarbeit: kleine Figuren oder Gruppen in Ornament-Umrahmung; dann Brustbilder, ferner statuarische Einzelfiguren in architektonischer Anordnung mit Sockel und Baldachin oder auch in Teppichfenster eingepasst; endlich grosse Gruppenfenster, welche ohne Rücksicht auf die trennenden Pfosten das ganze Fenster einnehmen. Die herrlichste Farbenwirkung lässt sich durch Medaillonfenster erzielen und durch die eigenartig behandelten spätgothischen Jesse-Fenster [2]), welche den Stammbaum Christi in ornamentalem und architektonischem Aufbau darstellen.

---

[1]) Im Jahre 1134 und wiederholt im Jahre 1182 wurde dem Cistercienser-Orden die Anbringung von Bildwerk in den Kirchen und besonders in den Fenstern streng verboten. Diesem Verbot haben wir wohl die Entstehung oder doch die grössere Verbreitung der Grisaillen zu verdanken. Die Cistercienser schmückten nun ihre Fenster, indem sie Arabesken- und Bandmuster mit Schwarzloth auf Glas einbrannten; diese Grisaillen wurden durch hier und da angebrachte farbige Glasstückchen unterbrochen und belebt. — Schöne Abbildungen von Grisaillen aus Altenberg und Heiligkreuz siehe bei Schaefer & Rossteuscher, sowie bei A. Camesina, Glasgemälde im Kreuzgange des Stiftes Heiligenkreuz, Wien.

[2]) Das in diesem Werkchen abgebildete Fenster Peter Volkamer's in St. Lorenz zu Nürnberg findet sich auch in „Geschichte des deutschen Kunstgewerbes", Jacob

Bei Profanbauten kommen je nach dem Charakter des Gebäudes verschiedene Verglasungsarten zur Anwendung, von der einfachen Kunstverglasung bis zu den reichsten figürlichen Darstellungen. Bei diesen soll man in Ermangelung guter alter Vorbilder wenigstens im Sinne der alten Werke vorgehen und danach Zeichnung und Technik richten. Hierzu kommen noch die Ornamentfenster in Tuschton mit Gold, sowie mit eingebleiten Farben, mit einfachen Randstreifen oder mit farbenreichen Friesen. Als Medailloneinlagen für diese Ornamentfenster dienen die Werke der Kabinetmalerei: Wappen, Landschaften, Köpfe berühmter Männer, Portraits, Genrebilder usw. In Kunstverglasungen

Schweizerwappen [1]

Fenstervorsetzer in musivischer Kleinarbeit.

bringt man mit Vorliebe Wappen, nach Art der sogenannten Schweizerwappen, sowie Spruchbänder mit Sinnsprüchen an. Noch sind die Fenstervorsetzer zu bemerken; sie sind von allen Arten der Fensterbemusterung räumlich die bescheidenste; sie lassen die obersten zwei Drittheile des Fensters dem vollen Lichte offen. Auch hierbei findet man alle Arten der Behandlung. Reizend wirken Kabinetmalereien als Vorhängebildchen in Verbindung mit lebenden Pflanzen, welche sich um das Bildchen herumranken.

Dass die monumentale Glasmalerei stets mit dem Styl des Gebäudes im Einklang stehen und sich der Architektur unterordnen muss, ist wohl so selbstverständlich, dass es kaum der Erwähnung bedarf.

---

von Falke, Berlin, G. Grote 1888, Seite 118. Hierher gehören u. A. auch das Wildfenster, früher irrthümlich Kramerfenster genannt, im Münster zu Ulm, abgebildet in Kolbs „Glasmalerei des Mittelalters und der Renaissance", und ein Fenster aus dem nördlichen Seitenschiffe des Kölner Domes.

[1] Dieses Wappen und die Tafel, welche den Landsknechte-Kampf darstellt, sind aus dem Werke: „Meisterwerke schweizerischer Glasmalerei". Herausgeg. vom historisch-antiquar. Verein zu Winterthur.

Beschreibung der alten Technik

nach der Schrift des Mönches Theophilus.[1])

Bevor wir nun mit der heute üblichen Herstellungsweise der Glasmalereien beginnen, wollen wir einen kurzen Rückblick werfen auf die Schrift des Mönches Theophilus. Seiner Beschreibung nach war der Glasmaler der ältesten Zeit zugleich sein eigener Glasmacher, Glasfarbenbereiter, Kartonzeichner und Glaser. Er erzeugte sich die farbigen Hüttengläser selbst; dann begann er seine Arbeit damit, dass er sich eine hölzerne Tafel in der Höhe und Breite des beabsichtigten Fensters machte; über deren ganze Fläche hin schabte er Kreide, feuchtete diese mit Wasser an und strich sie mit einem Lappen nach allen Richtungen hin aus. Sobald die Tafel trocken war, entwarf er darauf die Bilder mit Blei, Zinn, rother oder schwarzer Farbe in den Konturen. Die verschiedenen Farben, welche er den einzelnen Theilen des Bildes, den Gewändern usw. zu geben gedachte, deutete er mit Buchstaben

Musivische, farbige Teppiche aus dem Chor der ehemaligen Klosterkirche zu Königsfelden in der Schweiz (Mitte des 14. Jahrhunderts). Nach Kolb.

1) Nach Albert Ilg ist Theophilus presbyter ein Mönch Rogkerus, der Ende des 12. Jahrhunderts in dem Benediktinerkloster Helmershausen a. d. Diemel als Goldschmied thätig war. Jedoch auch hierüber sowie über das Alter der Schrift gehen die Meinungen weit auseinander. Näheres im geschichtlichen Theil.

an. Auf die durch diese Konturlinien gebildeten Felder seines hölzernen Kartons legte er etwas umfangreichere, den angedeuteten Farben entsprechende Gläser und fuhr auf diesen die durchschimmernden Umrisse mit weisser Kreidefarbe nach. Die Pinsel machte er sich selbst aus Marder-, Katzen-, Ziegenbart- oder Eselshaaren. War ein Glas seiner Dicke oder hohen Farbe wegen nicht völlig durchsichtig, so nahm er zuerst ein weisses, zeichnete die Umrisse auf dieses durch, legte dann das minder durchsichtige farbige darüber, hielt beide Gläser gegen das Licht und machte so das Uebertragen der Umrisse auf das dunklere möglich. Diesen Umrissen nach schnitt er die Gläser mit dem glühenden Eisen aus, glättete die Ränder mit dem Riefeleisen und setzte dann die einzelnen Stücke behufs des Malens zusammen. Er kannte dazu nur eine Farbe, eine Art Schwarzloth aus Kupferasche mit grünem und blauem Bleiglas; damit fuhr er die inneren Konturen seines Kartons nach. Die Schatten gab er durch sorgfältige lineäre Schraffirung mit Schwarzloth [1]); wo er Licht haben wollte, liess er das Glas durchsichtig. Nach Gutdünken brachte er auf Gewändern und Hintergründen damastartige Verzierungen in folgender Weise an. Man grundirte das Glas leicht mit Schwarzloth und nahm mit dem Radirhölzchen so viel von dem Grunde wieder hinweg, dass die dadurch erscheinenden lichten Stellen allerlei Arabesken darstellten. Theophil verlangt weisse Hintergründe, wenn die Figuren blau, grün, purpurn oder roth gekleidet sind, dagegen rühmt er die Gewänder von leuchtendem Weiss, wenn der Grund blau, grün oder roth war. Gelb will er weniger zu Gewändern als zu Kronen und überhaupt Gegenständen von Gold gebraucht wissen; zur Einfassung des ganzen Bildes empfiehlt er Blumen, Aeste, Laub, Bänder, in Schwarzloth und der vorbeschriebenen Radirmanier ausgeführt. Auf Gewandsäume, Kreuze, Bücher usw. lässt er farbige Glaspasten als Edelsteine aufschmelzen, und wo eine Schrift anzubringen, sollte die ganze Stelle

Frühgothisches Gruppenfenster aus der Kirche zu Königsfelden.
(Denkmäler des Hauses Habsburg in der Schweiz)

[1]) Cum feceris tractus in vestimentis ex colore praedicto, sparge eum cum pincello ita ut vitrum fiat perspicax in ea parte, qua luminam facere consuevisti in pictura et idem tractus in una parte sit densus, in altera levis, atque levior cum tanta diligentia discretus, quasi videantur tres colores appositi. Cap. XX de coloribus tribus ad lumina in vitro.

dunkel übergrundet und die Buchstaben mit dem Radirhölzchen hell ausgeführt werden. Waren die einzelnen Glasstücke bemalt, so machte sich der Glasmaler an das Einschmelzen seiner Farben. Den Ofen baute er sich selbst. In einem Winkel des Hauses steckte er Ruthen in die Erde und band von jedem Paare deren gleich lange Enden zu einem Bogen von 1½ Fuss Höhe und eben so viel Breite zusammen. An das Innere und Aeussere dieses etwas über zwei Fuss langen Gerüstes schlug er bis zur Dicke von einer Faust Klumpen von drei Theilen Töpferthon und einem Theil Rossmist, beides tüchtig durchwässert und mit trockenem Heu gemischt, liess aber oben ein handgrosses Rauchloch und vorne die Mündung offen und brachte auch in jede der Längsseiten dieses Ofens drei sich gegenüberliegende Löcher, um daumendicke Eisenstangen quer durchstecken zu können. Darauf unterhielt er in diesem Ofen bis zu seiner völligen Trocknung Feuer. Hierauf richtete er sich eine eiserne Platte, zwei Finger kürzer, zwei schmäler als das Innere des Ofens, mit einer Handhabe zurecht, siebte einen Halm dick trockenen Kalk darauf, drückte diesen mit einem flachen Holze eben und legte darauf das gemalte Glas vorsichtig nebeneinander, und zwar so, dass die grünen und blauen Stücke mehr nach Aussen zu, die strengflüssigern weissen, gelben und rothen mehr nach Innen zu liegen kamen. So legte er die Platte auf die eisernen Querstangen und entwickelte unter ihr ein mässiges Feuer von völlig trockenem Buchenholz, das er nach und nach mit Vorsicht verstärkte, bis die Flamme von allen Seiten der Platte empor und über dem Glase zusammenschlug. Sowie letzteres zu glühen anfing, warf er das Feuer eilig aus dem Ofen, schlug dessen Rauchloch und Mündung zu und liess es so, bis sich Alles abgekühlt hatte. War das Glas herausgenommen, so versuchte er, ob sich die Farbe mit dem Nagel abkratzen liesse. Widerstand sie, so war die Arbeit fertig; wenn nicht, so musste das Einbrennen wiederholt werden. War der Brand gelungen, so legte er die einzelnen Stücke auf seinem hölzernen Karton in Ordnung und goss sich die zu ihrer Verbindung nöthigen Bleiruthen. Auch hierzu machte er sich die Form von Eisen oder Holz selbst. Das Blei, welches er zum Guss der Ruthen verwendete, war reines. Das sogenannte Abhobeln der Bleiruthen, das Hinwegnehmen des überflüssigen Bleies an den Ruthen geschah mittels des Messers.

Figurenfenster aus dem Strassburger Münster (1300). Nach Kolb.

Die Verbleiung des Fensters geschah in folgender Weise. Um jedes Stück der auf dem Karton in Ordnung gebrachten Gläser bog er eine Bleiruthe; er fing an mit dem Kopf einer Figur, fuhr dann fort mit den Gewändern und endete mit dem Grunde. Damit die so eingefassten Gläser sich nicht verschoben, sondern fest aneinander liegen blieben, schlug er rings um jedes einzelne mehrere fingerlange Nägel in das Brett. Dann wurden sie verlöthet. Der Kolben dazu glich genau dem noch heutzutage üblichen, auch war das Löthmaterial ähnlich dem heute gebräuchlichen. Die Verlöthung geschah nach heutiger Art, und war diese auf der einen Seite fertig, so wendete man das Fenster und verfuhr auf der andern Seite ebenso. Das Ganze wurde dann in einen hölzernen Rahmen geschlagen.[1])

---

[1]) Vergl. Gessert „Geschichte der Glasmalerei". Die Handschrift wurde von Lessing in der Bibliothek zu Wolfenbüttel entdeckt und an die Oeffentlichkeit gebracht. — Westlake kommt auf Grund sorgfältiger Studien zu der Ueberzeugung, dass die alten Fenster in den Kathedralen von Chartres, Le Mans u. a. bereits von einer vollständigen Glasmaler-„Schule" angefertigt seien. Hierüber Näheres im geschichtlichen Theil. Siehe Westlake, A history of design in painted glass James Parker & Co., London 1881.

Die Arbeit in den Werkstätten.

I. Anfertigung der Skizze und des Kartons.

Beginnen wir jetzt mit der Arbeit in unseren Werkstätten. Ich werde hierbei von der Aufzählung chemischer Einzelheiten sowie technischer Schwierigkeiten absehen und nur versuchen, ein möglichst klares Bild von der Herstellung der Glasmalereien zu machen.

Während in früheren Jahrhunderten alle Arbeiten des Glasmalers in einer Hand lagen, der Glasmaler also, um mit Theophil zu sprechen, sein eigener Glasmacher, Glasfarbenbereiter, Kartonzeichner und Glaser war, ist in unserer Zeit die Arbeit eingetheilt; hierdurch lässt sich eine viel grössere Vollkommenheit erzielen, vorausgesetzt, dass durch umsichtige Leitung die einzelnen Verrichtungen in Einklang zu einander gebracht werden.

Die erste Arbeit besteht bei einer Bestellung in dem Entwerfen des verlangten

Entwurf (Skizze) zu einem spätgothischen Gruppenfenster.

Gegenstandes, sei es Bleiverglasung, Teppich- oder Figurenfenster. Der Zeichner führt diesen Entwurf in kleinerem Maassstabe aus, etwa 1 : 10 oder 1 : 20; er fertigt die Farbenskizze an.

Bleiriss und Karton

zu einem Theil der vorstehenden Skizze.

Ist der Entwurf genehmigt, dann zeichnet der Künstler den Gegenstand in natürlicher, den Fenstermaassen angepasster Grösse auf Papier oder auf Leinwand, er zeichnet den Karton. Ist nun schon bei der Skizze auf die Technik und auf den Charakter der Glasmalerei Rücksicht zu nehmen, so ist dies noch wichtiger bei der Ausführung des Kartons. Man hat mit den Bleilinien, sowie mit dem Stein- und Eisenwerk des Fensters zu rechnen. Auf den fertigen Karton werden nach der vorhandenen, aus kleinen Glasstückchen zusammengesetzten, nummerirten Farbenkarte die zu verwendenden Gläser mit den betreffenden Nummern eingeschrieben; dann wird derselbe dem Kunstglaser übergeben.

Falls nicht ein zweiter Karton, der sogenannte Bleiriss, der nur die schwarzen Umrisse der Bleifassung in breiten, kräftigen Linien gibt, und auf dessen einzelnen Theilen die Farben angegeben sind, gezeichnet ist, was bei werthvollen Kartons indessen immer geschieht, verfährt der Glaser folgendermaassen:

II. Die Arbeiten des Kunstglasers.

a) Anfertigung der Schablonen.

Zu unterst auf den Tisch legt er ein Stück Schablonenpapier, ein Papier von ziemlicher Dicke, von der Grösse des Kartons, hierauf Röthelpapier mit der farbigen Seite nach unten; auf dieses wird der Karton oder der Bleiriss gelegt und vorsichtig befestigt. Nun drückt der Kunstglaser die Bleikonturen genau nach der Zeichnung stark durch. Hierdurch erhält er auf dem zu unterst liegenden Schablonenpapier durch die Röthelstriche einen vollständigen zweiten Bleiriss, welcher nach diesen Umrissen in Stücke geschnitten wird, in die sogenannten Schablonen; nach diesen werden dann die weissen oder farbigen Gläser zugeschnitten. Diese Herstellung der Schablonen muss sorgfältig und genau geschehen, sollen nicht nachträglich beim Verbleien grosse Schwierigkeiten entstehen. Ist das Schablonenpapier in die einzelnen Stückchen zertheilt, dann muss noch, bevor mit dem Glasschneiden begonnen werden kann, jede Schablone ringsum um so viel verkleinert werden, als die Hälfte der Stärke des Bleikernes der Einfassung beträgt. Vielfach geschieht dies mit einem eigens hierzu gefertigten Doppelmesser oder mit einer Doppelscheere, womit der Glaser schon beim Zerschneiden des ganzen Bogens die Stärke des Bleikernes wegnimmt. Die meisten Glaser schneiden jedoch mit der einfachen Scheere, nachdem sie vorher die Breite des Bleikernes mit einem der Reissfeder ähnlichen Werkzeug genau auf der Mitte der Linien bezeichnet haben.

Musivisches, farbiges Teppichfenster aus dem Dom zu Regensburg, jetzt in München. Nach Schaefer & Rossteuscher.

b) Glassprengen.

Wir sprechen heute in der Kunstglaserei von einem Glasschneiden. Die Glaskünstler des Mittelalters kannten nur ein Glassprengen. Um ihr dickes, rohes Glas zu zerstückeln, verfuhren sie in folgender Weise. Erst ritzten sie das Glas an einem

Punkte auf seiner Oberfläche oder am Rande mit der rauhen Spitze eines harten Stahles, dann zeichneten sie die beabsichtigte Form mit Kreide auf die Glasscheibe und fuhren diese Linie oder den Rand einer aufgelegten Schablone entlang von dem eingekerbten Punkte aus mit einem weissglühenden Bolzen leicht und rasch über das Glas weg. Den Rutschlinien des glühenden Bolzens entsprechend, brach das Glas und erhielt die bezweckte Form. Mit dem sogenannten Krösel- oder Riefeleisen, einem mehrfach gezahnten Haken zum Glasbrechen, wie er heute noch in den Glaserwerkstätten gebräuchlich ist, wurde sodann den abgesprengten Glasstücken nachgeholfen, indem die Ränder gleichsam abgenagt wurden. Statt des glühenden Eisens bediente man sich auch der Sprengkohle.

c) Anwendung des Diamanten in der Glaserei.

Erst in der zweiten Hälfte des 16. Jahrhunderts kam man auf den Gedanken, sich des Diamanten zum Glasschneiden zu bedienen.

Ueber die Erfindung selbst gibt es zwei Sagen, welche in Kürze erwähnt werden sollen. Nach der einen soll Louis de Bergues aus Bruges diese Kunst zuerst in Betrieb gesetzt haben im Jahre 1450; er soll gefunden haben, dass zwei gegen einander geriebene Diamanten einander ritzten. Darauf habe er denselben Versuch mit dem Diamanten auf Glas gemacht. Seit dieser Zeit sei ein an einem Stiel befestigter Diamant das unentbehrlichste Werkzeug des Glasers.

Grisailfenster mit eingeflochtenen farbigen Streifen und Rosetten aus der ehemaligen Cistercienser-Abteikirche Altenberg bei Köln (14. Jahrh.); jetzt im k. k. Museum zu Wien. Nach Kolb.

Nach einer andern Lesart wurde der Diamant zu Anfang des 16. Jahrhunderts eingeführt. Es heisst, König Franz I. habe zuerst im Schlosse Chambord mit dem Diamantring, den er am Finger trug, in die Fensterscheiben Spottverse eingeritzt. Diese Spielerei soll zuerst den Gedanken an das Zerschneiden des Glases angeregt haben.

Der Glaser legt die Schablone auf das farbige Glasstück und schneidet nun dicht am Rande der Schablone entlang das Stück aus. Das Glas wird auf der glatten, beim Blasen innern, hohlen Seite geschnitten, also Ueberfangglas auf der dem Ueberfang entgegengesetzten Seite. Rosetten werden mit der Rundschneidemaschine geschnitten.

Wenn es nach dem Schneiden mit dem Diamanten nicht gleich gelingt, das Glas zu brechen, dann wende man nicht zu grosse Gewalt an, sondern klopfe mit der Fassung des Diamanten oder sonst einem passenden Gegenstand in schwachen, schnellen Schlägen auf die dem Schnitt gegenüberliegende Seite, worauf dann bald die Trennung leicht von Statten geht. Bei schwierigen Formen schneidet der Glaser zuerst die grössern überstehenden Stücke weg, dringt dann durch mehrere Hülfsschnitte in die winkeligen Stellen ein, so dass zuletzt nur noch kleine Theilchen mit dem Kröseleisen oder mit der Zange zu entfernen sind. Das Kröseleisen ist mit verschiedenen viereckigen Ausschnitten, nach Grösse geordnet, für die verschiedenen Dicken der Gläser versehen.

Das Kröseleisen, welches heute meistens mit der Diamantfassung vereinigt ist, sowie auch die Zange müssen mit Vorsicht gehandhabt werden; grosse Stücke darf man nicht abbrechen, sondern man muss nach und nach immer kleine Splitter entfernen. Die Kunst des Glasschneidens, besonders bei verwickelten Arbeiten erfordert langjährige Uebung und grosse Geschicklichkeit.

Ist ein Teppich- oder Figurenfenster zugeschnitten, so werden die einzelnen Theile desselben dem Glasmaler zum Bemalen übergeben.

Die einfache Kunstverglasung wird sofort den Glasern zum Verbleien überwiesen.

d) Geschichte und Bedeutung des Glaserbleies.

Bestimmt weiss man nicht, seit wann man sich des Glaserbleies bedient. Das Glas wurde früher in rohen Holzrahmen und in steinernen Einfassungen in die Fensteröffnungen eingesetzt. Der heil. Hieronymus bezeichnet deutlich diese ältere Art, wenn er von vitro lignis incluso spricht.

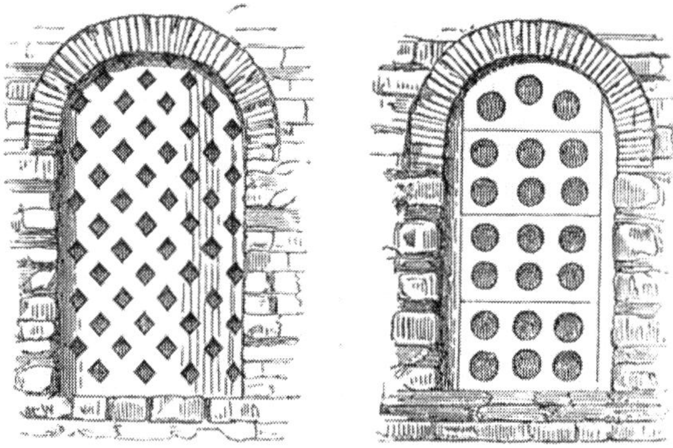

Steinfenster aus St. Laurentius in Rom; in der Eintheilung haben dieselben grosse Aehnlichkeit mit der heutigen Spitzscheiben- (Rauten-) und Butzenverglasung.

Der älteste Schriftsteller, welcher uns Mittheilung macht, seit wann man die Scheiben mit Blei einfasste, ist Leo, Kardinal-Bischof von Ostia.

In seiner Beschreibung der St. Benediktuskirche in Monte Cassino[1]), welche der damalige Benediktiner-Abt und spätere Papst Victor III. 1066 neu aufbaute, erzählt er, dass die Fenster des Chores und des Schiffes mit Glastafeln geschlossen waren, welche mit Blei zusammengehalten und mit Eisenstäben verbunden waren[2]). Seit dieser Zeit mehren sich die Nachrichten über diese Art des Fensterverschlusses; die Bleieinfassung scheint demnach seit jener Zeit allgemein angewandt worden zu sein.

Der Glaswirker des Mittelalters goss und glättete die Bleistäbe wie lange Bandstreifen, einige Millimeter dick und an beiden Längsseiten mit Rinnen zur Aufnahme der Glasstücke versehen. Aus der Gussform hervorgehend, waren die Bleie auf beiden Seiten rund und gewölbt; sie wurden dann platt gehobelt und geschabt. Bis zum 13. Jahrhundert waren die Bleie in der Regel breit und nicht sehr hochkantig, auf der Oberfläche gewölbt oder abgeplattet, in den Rinnen glatt gehobelt. Man findet Bleie aus der damaligen Zeit, welche über 9 Millimeter breit, und wenn nicht abgeplattet, 4 Millimeter hoch sind.

Gegen Ende des 16. Jahrhunderts fing man an, sich der Bleizüge oder Bleimühlen zu bedienen. Die Einrichtung der Bleizüge ist die eines kleinen Walzwerkes, in welchem die Bleiruthen in verschiedenen Grössenverhältnissen gezogen werden. Siehe Tafel.

Das fertig gezogene Blei besteht aus den Flügeln, den von ihnen gebildeten Falzen oder Kammern und dem Kern oder der Seele, auch Herz genannt. Der Boden der beiderseitigen Rinnen bei dem jetzigen Glaserblei ist gerippt.

Statt im Fenster zu stören und der Wirkung zu schaden, ist vielmehr das Blei das mächtigste Mittel, um den Kontur kräftig zu zeichnen und

Bleiverglasung aus der Kirche von Bonlieu; die durch dünne Parallellinien angedeuteten Bleie liegen dem Glase nur auf. Nach Viollet-le-Duc.

---

[1]) Monte Cassino, berühmtes Benediktinerkloster in der italienischen Provinz Caserta, seit 1866 aufgehoben.

[2]) Fenestras plumbo ac vitro compactis tabulis ferroque connexis inclusit. Chronic. casin. 4. cap. 27. édit. de Dubreuil, 1. vol. in fol. Paris 1603.

die Farbenflächen zu begrenzen; wurden doch sogar zur Vervollständigung der Zeichnung, und um schwieriger Schnittführung auszuweichen, einseitig Bleistreifen aufgelegt, wie dies Viollet-le-Duc[1]) schildert. Man richtet sich nach der Zeichnung und nach der praktischen Erfahrung, ob man mehr oder weniger breite Bleiruthen anwendet; nur soll man nicht zu ängstlich sein und kühn breite Bleie verwenden. Vor Allem ist mit der Entfernung zu rechnen, in der das Glasgemälde angeschaut wird.

Um die Kunst und das Kunstgewerbliche des Glasmalens zu studiren, genügt es nicht, die fertigen Glasgemälde, wie sie an den Fenstern zum Beschauen aufgestellt sind, zu bewundern und anzusehen. Man lasse sich in einer Glasmalereiwerkstätte vielmehr die verbleiten schönen Glasbilder vom Fenster herunternehmen und platt auf den Arbeitstisch legen. Der optische Eindruck wird nun gleich ein anderer. Während das Glasbild vorher, gegen das Tageslicht gesehen, mosaikartig viele prächtige glühende Farben und keine einzige dunkele oder glänzende Metalllinie zeigte, ist auf dem Tische die ganze farbige Pracht des musivischen Glasbildes plötzlich verschwunden, alle Farben sind spurlos gelöscht, die ganze Oberfläche hat ein todtes, stumpfes Aussehen. Nur Eines, was wir bei der durchscheinenden Beleuchtung im Fenster nicht gesehen, tritt beim Auflegen auf die Tischplatte deutlich hervor: statt der leuchtenden Farbenflächen ein blankes Netz verzinnter schmaler Bleinähte, welche das ganze Feld unregelmässig überspinnen. Diese sich schlängelnden, glänzenden Bleilinien überziehen als Farbgrenzen die ganze Fläche in den launenhaftesten Windungen. In demselben Augenblick, in welchem wir das verbleite Glasbild gegen das Fenster halten und durchleuchten lassen, ist wie durch einen Zauber das ganze Bleinetz unserm Blick entschwunden, vom durchfallenden Licht gleichsam optisch verschluckt, wogegen die Farbenwirkung der von den Bleibändern eingeschlossenen farbigen Glasstücke als blitzende Ornamente und leuchtende Hintergrundflächen wieder in ihre optischen Rechte eintritt. Wir sehen nicht, dass die Mosaikharmonie der durchsichtigen Farbengläser durch die undurchsichtigen Bleikonturen, welche die Grenzen der einzelnen Farben entlang laufen, irgendwie zerrissen oder sonst beein-

Musivischer, farbiger Teppich aus der St. Elisabethen-Kirche zu Marburg (Ende 13. Jahrh.). Nach Kolb

[1]) Dictionnaire raisonné de l'architecture française du XI. au XVI. siècle par M. Viollet-le-Duc, architecte. Tome IX. pag. 459, Paris 1868. Dieses hervorragende und nicht genug zu empfehlende Werk ist in zweiter Auflage erschienen bei: Librairies-Imprimeries réunies Ancienne Maison Morel Paris 2, rue Mignon, 2.

trächtigt würde; im Gegentheil, denken wir uns die Bleistreifen abgetrennt und die Farbenstücke dicht neben einander gekittet, so würde das farbenreiche Glasbild unendlich an Wirkung einbüssen. Die Verbleiung ist daher nicht allein technisch dem Glasmaler unentbehrlich, um die verschiedenen farbigen Glasstückchen zu einem Gesammtbild zusammen zu löthen, sondern sie erfüllt im Glasgemälde auch einen wohlberechneten künstlerischen Zweck.

Professor Dr. Brücke sagt hierüber[1]: „Die unmittelbare Berührung zweier Farben von mittlerer Helligkeit ist dem Effekte im Allgemeinen wenig günstig. Sind die beiden Farben wenig von einander verschieden, so heben sie sich nicht gehörig von einander ab; sind sie mehr von einander verschieden, so geben sie, besonders in einiger Entfernung, an der Grenze eine Mischfarbe, die auf alle Fälle schwächend auf die Kombination einwirkt.

„Das Mittel, dieses Ineinanderfliessen der Farben zu verhindern, besteht darin, dass man zwischen ihnen einen dunkeln Streifen (in der Glasmalerei das Fensterblei) anbringt, so dass jede von beiden benachbarten Farben sich auf der Netzhaut des betrachtenden Auges über die halbe Breite dieses (Blei-)streifens verbreiten kann, ehe sie auf der Netzhaut einander erreichen. Dieser dunkele Strich (das Fensterblei) ist der Kontur. Er ist bei chromatischen Kompositionen um so nothwendiger, aus je weiterer Ferne sie betrachtet werden sollen. So ungehörig die markirten Bleikonturen der alten Glasmalereien da sein würden, wo man sich die malerische Darstellung der Natur zur Aufgabe macht, so vortheilhaft sind sie da, wo der Hauptzweck chromatischer Schmuck ist.“

Der Kontur hat, wie Professor Brücke in seiner Farbenphysiologie richtig bemerkt, eine zweifache Bedeutung: entweder darauf gerechnet, dass der Kontur dem Beschauer in der Entfernung verschwinde, oder darauf, dass der Kontur noch selbstständig als Zeichnung hervortrete. Diese beiden Arten und Aufgaben des Konturs finden ihre mannigfaltigste Vertretung in dem Bleikontur der musivischen Glasmalerei. Wir haben hier einerseits verglaste Fensterflächen, in welchen die Linien des undurchsichtigen Fensterbleies mit Absicht als dunkeler Kontur das Ornament, die Zeichnung, bilden, die Bleikonturen also „als selbständiges Element sich geltend machen;“ anderseits sehen wir im Glasgemälde das Fensterblei nur als technische Naht der Glaslappen dienen und seine Konturen mit Absicht in die Schattenpartieen gelegt, damit sie von diesen dunkelern Glasstellen optisch verschluckt und für das Auge des Beschauers gelöscht werden. Zur erstern Gattung, welche vom Bleikontur eine zeichnende Wirkung verlangt, gehören in erster Reihe die Verbleiungs-Ornamente, bei welchen aus zwei oder drei halbtönigen, meist flaschengelblichen und flaschengrünlichen Glassorten mittels ver-

[1]) Dr. Brücke, Physiologie der Farben. Leipzig bei Hirzel.

Romanisches Medaillonfenster.

schlungener Bleibänder reizende netz- oder damastförmige Ornamentverglasungen hergestellt werden; auch die kreisförmigen Konturen-Netze der runden Butzenscheiben in allen ihren Spielarten gehören hierhin. Die zweite Gattung, bei welcher auf ein vollständiges Verschwinden der Bleilinien gerechnet wird, umfasst mehr oder weniger das ganze Gebiet der vielfarbigen Glasmalerei.

Kehren wir nach dieser Abschweifung zur Werkstätte zurück.

e) Die Verbleiung.

Der Verbleier befestigt das erste Stück Glas an mehreren Stellen durch Stifte, welche er dicht an demselben in den Tisch einschlägt. Alsdann fasst er das Stück Glas mit Blei ein, indem er nach und nach die Stifte entfernt, die Bleiruthe fest anfügt und die Stifte ausserhalb des umgelegten Bleies wieder einschlägt. Die Falze des Bleies müssen das Glas gut umfassen. Hierauf passt er ein zweites Glasstück an, fügt dasselbe in die Bleirinnen fest ein und stiftet es wieder fest; auch hieran legt er wieder Blei, auf dieselbe Weise, wie so eben erklärt wurde. So wiederholt sich dieser Vorgang, bis das ganze Feld fertig gestellt ist. Ueberschiessende Bleistreifen werden bei dem Verbleien mit dem Bleimesser abgeschnitten. Es ist gut darauf zu achten, dass die Enden des Bleies gut zwischen die Flügel des anstossenden Streifens untergeschoben und mit dem Hammer vorsichtig festgeklopft werden.

Bei dem fertig zusammengesetzten Feld werden die Flügel des Bleies mit Hülfe des Bleiknechtes, eines glatt gehobelten Holz- oder Knochenstückes, oder mit der flach gehaltenen Klinge des Bleimessers niedergestrichen und fest an die Glasscheibe angedrückt. Hierauf werden die Verbindungsstellen der Bleie verlöthet. Das Löthmaterial besteht aus zwei Theilen Zinn und einem Theil Blei und ist der Bequemlichkeit und bessern Handhabung wegen in dünne, lange Stäbchen gegossen. Als Form für die Stäbchen dient eine etwa 3/4 Meter lange, mit etwa 6—10 Rinnen versehene eiserne Form. Der Löthkolben muss vor dem Gebrauch an seiner Spitze verzinnt werden. Dies geschieht durch Hin- und Herreiben des erhitzten Kolbens in einer gerauhten Blechtafel, in welcher sich Zinn und Harz befindet. Es ist gut darauf zu achten, dass der Kolben den richtigen Hitzegrad hat; zu heiss: schmilzt das Blei, zu kalt: so wird die Verzinnung uneben und unschön.

Das Bleinetz wird an den Knotenpunkten behufs Bindung mit Stearinöl bestrichen und dann verlöthet. Ist eine Seite der Verbleiung fertig, so wird das Feld vorsichtig umgewendet, und das oben beschriebene Verfahren vom Niederstreichen der Bleiflügel an wird auch auf dieser Seite vorgenommen. Auf der äussern Seite wird dann das ganze Bleinetz verzinnt; dies geschieht, indem der Glaser mit dem Zinnstäbchen und dem Löthkolben die sämmtlichen Umrisse verfolgt und das schmelzende Löthmaterial gleichmässig über die Bleie vertheilt. Im Mittelalter wurden die Bleie nur verlöthet, jedoch nicht verzinnt. Die Verzinnung gibt der Verbleiung lediglich ein besseres Ansehen; bei guter, kräftiger Verbleiung trägt das Verzinnen (nicht mit dem Verlöthen zu verwechseln!) nur wenig zur Besserung der Haltbarkeit bei; dem heutigen Gebrauch entsprechend werden auch in der hiesigen Anstalt alle bessern Arbeiten verzinnt, auf Verlangen auf beiden Seiten. Noch sei hier das Bronziren des Bleinetzes erwähnt, eine aus Holland stammende Verirrung.

Romanisches Fenster aus St. Kunibert in Köln. Nach Kolb.

Ist das Feld fertig verbleit, wird es genau nachgemessen, ob die Maasse mit der Zeichnung übereinstimmen.

Die Verbleiung muss sehr sorgfältig ausgeführt werden; verwickeltere Sachen, wie Verbleiungen figürlicher Darstellungen, erfordern die

Gewandtheit und Geschicklichkeit eines erfahrenen Arbeiters. Gute und gediegene Verbleiung ist das erste Erforderniss für die Haltbarkeit der Fenster.

f) Verkitten der Fenster.

Nach dem Verzinnen wird das Feld gründlich mit flüssigem Kitt, einem Gemisch von Leinöl und Kreide, bestrichen und dieses mit einem starken Pinsel kräftig verrieben, damit etwa noch vorhandene, durch die Unebenheit der Glasoberfläche bedingte kleine undichte Stellen sich durch den nach einigen Tagen hart werdenden Kitt schliessen. Der überflüssige Kitt wird durch Abreiben des Feldes mit Sägemehl entfernt. Auch das Verkitten wird von beiden Seiten vorgenommen. Das ganze Feld wird nun noch sorgfältig geputzt und ist zum Versandt fertig.

Dies ist der Verlauf der Arbeiten bei der einfachen Kunstverglasung. Wie bereits oben bemerkt wurde, werden die fertig zugeschnittenen weissen oder farbigen Glasstücke der Teppich- und Figurenfenster, überhaupt alle zu bemalenden Theile vor der Verbleiung dem Glasmaler übergeben.

III. Die bei der musivischen Glasmalerei zur Verwendung kommenden Farben: das Schwarzloth und das Silbergelb.

Die musivische, die eigentliche monumentale Glasmalerei kennt nur das Schwarzloth, eine früher aus Kupfer, heute aus Eisenhammerschlag bereitete schwarze Farbe, und das um die Mitte des 14. Jahrhunderts erfundene Silber- oder Kunstgelb[1]).

Lange Jahre hindurch fertigten wir uns in der hiesigen Anstalt das Schwarzloth selbst an. Diese Farbe war durchaus haltbar. Das erzbischöfliche General-Vikariat zu Köln veranlasste im Jahre 1867 eine

[1]) Die Erfindung des Silbergelb wird irrthümlich noch von mehreren Schriftstellern dem Dominikaner Jacob Griesinger zugeschrieben. Jacob Griesinger, auch Jacobus Alemanus genannt, wurde geboren 1407 in Ulm als der Sohn des Kaufmanns Dieterich Griesinger; er kam als Soldat nach Italien, trat später als Laienbruder in den Dominikaner-Orden zu Bologna und beschäftigte sich dort hauptsächlich mit Glasmalerei. Eines Tages soll ihm bei der Arbeit ein silberner Knopf vom Aermel in die Pfanne gefallen sein, als der Prior ihn rief. Bei der Rückkehr fand er die Glastafel nicht verbrannt, dagegen das Silber als Gelb aufgeschmolzen; so soll die färbende Wirkung des Silbers entdeckt worden sein. Nach seinem Tode 1491 wurde Jacobus Griesinger um seines frommen Lebenswandels und seiner Begabung mit Weissagung und Wunderkraft willen selig gesprochen, und er wird heute noch in Frankreich als Patron der Glasmaler verehrt. Diese Sage von der Erfindung des Silbergelb findet sich noch bei vielen Schriftstellern. Indessen findet man das Kunstgelb schon im 14. Jahrhundert im Gebrauch, am frühesten vielleicht in den Chorfenstern der Kathedrale von Limoges, wo die alte Schule der Emailleure allerdings für die Ausbildung der Glasmalerei sehr förderlich sein konnte.

Untersuchung über die mit dieser Farbe hergestellten Erzeugnisse der Linnicher Anstalt. Auf Grund verschiedener chemischer Untersuchungen unserer Malereien, sowie alter bemalter Gläser, u. a. aus dem Kölner Dom und solcher aus andern Anstalten, gab der vom Hochwürdigsten Herrn Erzbischof Dr. Paulus Melchers zum Mitglied des Prüfungs-Ausschusses ernannte Chemiker Dr. Vohl im Amtszimmer des erzbischöflichen General-Vikariats folgendes Gutachten zu Protokoll: „Diese Ergebnisse lassen die Erzeugnisse der Firma Dr. H. Oidtmann & Cie. in Linnich als solche erkennen, die allen gerechten Anforderungen entsprechen, hinsichtlich ihrer Dauerhaftigkeit und Widerstandsfähigkeit den Atmosphärilien gegenüber den Erzeugnissen des Alterthums nicht allein gleichkommen, sondern dieselben übertreffen und auch die als gut allgemein anerkannten . . . . .'schen Fabrikate in den Hintergrund drängen."

Aus der Löwenburgkapelle auf Wilhelmshöhe bei Cassel. 14. Jahrhundert. Nach Kolb.

In Folge der Vergrösserung des Betriebes bezog denn auch die hiesige Anstalt, wie die übrigen Glasmalereien, ihre Farben aus Fabriken. Diesem Umstand hatten auch wir es zu verdanken, dass ein Theil unserer Werke aus jener Periode das Schicksal der Erzeugnisse vieler anderer gleichalteriger Anstalten theilte, indem sie dem Einfluss der Zeit nicht lange Widerstand leisten konnten.

Jahrelang hat die gesammte Glasmalerei Deutschlands unter diesem Uebelstande gelitten, bis endlich England uns durchaus haltbare Farben lieferte. Schon vor dieser Zeit waren wir zu unserm alten bewährten Rezept zurückgekehrt, beziehen unser Schwarzloth jetzt jedoch aus England, nachdem ich mich durch die verschiedensten chemischen Versuche von der unbedingten Haltbarkeit derselben überzeugt habe. Es ist daher auch überflüssig, eine Reihe Farben-Rezepte aufzuführen; auch ist es überflüssig für den Glasmaler, sich die Farben selbst herzustellen, da man sie unter keinen Umständen selbst besser machen kann, als gute Fabriken dieselben anfertigen können. Im Uebrigen soll kein Glasmaler es versäumen, neu gekaufte Farben und Gläser jedes Mal auf ihre Brennfähigkeit und Haltbarkeit zu prüfen. Auch Frankreich liefert gute Farben, während ein grosser Theil der deutschen Erzeugnisse leider viel zu wünschen übrig lässt.

IV. Die Arbeiten des Glasmalers.

a) Die musivische Glasmalerei.

Sind helle, luftige Arbeitsräume überhaupt wünschenswerth, so sind sie geradezu erforderlich für den Glasmaler. Er braucht zu seiner Arbeit volles, gutes Licht, sowohl für den zum Konturiren benutzten

Hohenzollern-Fenster aus dem Chor der Münsterkirche zu Heilsbronn bei Ansbach.

Tisch als auch ganz besonders für seine Staffelei. Die Staffelei des Glasmalers ist wie ein Lichtfang parallel zur Fensterfläche aufgestellt; auf ihr steht als Widerlage für die zu bemalenden Gläser eine grosse, mattgeschliffene weisse Glasscheibe, an welche die zu bemalenden

Glasstücke angelehnt werden; die mattirten Scheiben haben den Zweck, das einfallende Tageslicht gleichmässig zu vertheilen. Ausser den grossen, feststehenden Staffeleien benutzt der Glasmaler auch noch kleinere zum Zusammenklappen, sowie solche zum Auf- und Abwärtsschieben, also zum Hoch- und Niedrigstellen.

Weitere Geräthe des Glasmalers sind verschiedene Arten von Pinseln, eine Handstütze zum Konturiren, ein Malstock, Palette, Palettmesser, eine Farbenreibplatte mit Glas- oder Porzellanreiber, sowie verschiedene Werkzeuge zum Radiren.

Die Farben, das Schwarzloth und Silbergelb, sowie die Bindemittel, Terpentinöl, Lavendelöl, Dicköl (durch längeres Stehenlassen an der Luft verändertes und dadurch verdicktes Terpentinöl oder Lavendelöl von syrupartiger Beschaffenheit), Gummi- oder Zuckerwasserlösung, sind sorgfältig vor Staub und Schmutz zu bewahren.

Zu den verschiedenen Arbeiten braucht der Glasmaler verschiedene Arten von Pinseln: zum Malen der Umrisse der Zeichnung, zum Konturiren den sogenannten Schlepper oder den Halbschlepper, einen langen dünnen Pinsel; ferner braucht er Stupf- oder Iltispinsel, breit abgeschnittene Pinsel verschiedener Grösse, kleinere und grössere Vertreiber, sowie steifere und weichere Borstenpinsel zum Radiren.

Als Palette dient eine kleine, starke Porzellan- oder Glasplatte. Als Handstütze beim Konturiren benutzt der Maler eine etwa 6 cm breite und 50—60 cm lange Holzleiste, welche an ihren Endpunkten auf zwei etwa 5 cm hohen Holzblöckchen befestigt ist. Radirwerkzeuge sind die steifen Borstenpinsel, Radirmesser, Radirfedern, Radirnadeln sowie Filzstangen. Als Radirnadeln dienen in Holzstielen befestigte Stahlnadeln, zugespitzte Holz- oder Elfenbeinstifte, sowie Gänsefedern.

Sämmtliche Geräthschaften muss der Glasmaler nach der Arbeit sorgfältig reinigen und stets in sauberm Zustande halten.

Gruppe, in Teppichfenster eingepasst; in der ehemaligen Benediktiner-Abteikirche zu Offenbach a Glan.

Vor Beginn der Arbeit hat der Glasmaler seine Farbe zurecht zu machen. Er benutzt als Bindemittel verschiedene Stoffe. Das zum Konturiren bestimmte Schwarzloth wird, nachdem es mit Wasser angefeuchtet und auf der Reibplatte gründlich fein gerieben ist, wieder getrocknet und alsdann mit Terpentinöl unter Zusatz einiger Tropfen Dicköl angemengt; es wird so viel Dicköl zugesetzt, bis die Farbe die nöthige Dichtigkeit erlangt hat, bis sie schwer tropfbar ist. Das Reiben der Farbe muss mit grosser Sorgfalt geschehen, damit nicht einzelne Körnchen in grobem Zustande in derselben bleiben; während des Reibens wird die Farbe von Zeit zu Zeit mit dem Palettmesser wieder nach der Mitte der Platte zusammengebracht.

Der Glasmaler beginnt nun seine Arbeit damit, dass er mittels des Schleppers oder bei ganz feinen Arbeiten mit der Zeichenfeder das Schwarzloth genau nach den Konturen des Kartons auf die einzelnen Glasstücke aufträgt. Hierbei legt er die Zeichnung (den Karton) auf einen Tisch, das Glas auf den betreffenden Theil derselben, welchen er wiedergeben soll, und malt, den durchscheinenden Konturen folgend, diese vermittels des Schleppers oder der Zeichenfeder nach, wobei er die Hand auf der Handstütze ruhen lässt.

Hat der Maler die einzelnen Stücke konturirt, ist also die Umrisszeichnung auf Glas vollendet, dann werden bei grössern Feldern die einzelnen Stücke provisorisch verbleit und verlöthet, bei kleinern Feldern mit flüssigem Wachs, dem etwas Harz [1]) beigemischt wird, auf eine grosse weisse Glasscheibe befestigt; auf der Rückseite dieser Scheibe malt man flüchtig die dem Bleinetz entsprechenden Linien mit einer deckenden Erdfarbe auf, um während der Arbeit nicht durch das zwischen den einzelnen aufgewachsten Stückchen durchfallende Licht gestört zu werden. Hierauf überstreicht der Maler die ganze Fläche mit der mit Wasser angemachten Schmelzfarbe (Schwarzloth), der beim Anreiben etwas Gummi arabicum oder Zucker zugesetzt wurde, und vertheilt dieselbe, ehe sie trocknet, mit dem Vertreiber möglichst gleichmässig, oder aber er stupft die aufgetragene Farbe mit dem Stupfer so, dass die ganze Fläche gekörnt aussieht, indem an einzelnen Punkten die Grundfarbe durchscheint [2]). Bei dem Ueberziehen mit der später als Mittelton dienenden Farbschicht verwendet man als Bindungsmittel Wasser, damit die mit Oelfarbe aufgetragenen Konturen nicht aufweichen und dadurch verwischt werden können. Der Zusatz von Gummi arabicum oder Zucker dient dazu, die Wasserfarbe etwas klebrig zu machen, wodurch dieselbe nach dem Trocknen dem Glase fester anhaftet, so dass

[1]) Der Zusatz von Harz macht das Wachs etwas spröder und erleichtert später das Abnehmen der Stücke.

[2]) Ueber die Anwendung beider Arten siehe: An inquiry into the difference of style observable in ancient glass-paintings with hints on glass-painting by an amateur. Oxford 1847 pag. 17 – 26 249. 250.

der Maler in der Schicht radiren kann, ohne dieselbe leicht zu verwischen. Man hüte sich aber ja, zu viel Zucker oder Gummi zuzusetzen, weil dies erstens die Schicht zu hart machen und das Radiren dadurch erschweren würde, und weil zweitens der zu starke Zusatz von Gummi oder Zucker die Farbe beim Brennen rissig machen würde. Ueber Abweichungen von vorbeschriebener Technik, zum Beispiel die Anwendung von Petroleum, ferner über das Arbeiten mit gleichartig angemachten Farben, sei es Wasser- oder Oelfarbe [1]), vielleicht später einmal.

Figurenfenster aus dem Chor des Kölner Domes. Nach Schmitz.

Ist der Mittelton trocken geworden, so beginnt der Glasmaler seine Arbeit vor der Staffelei; das ganze Feld ist durch den Ueberzug mit Wasserfarbe in eine stumpfschwarze Fläche verwandelt worden; aus diesem Dunkel heraus muss der Glasmaler farbige Lichtpunkte und Lichtlinien gleichsam herausbrechen; er schattirt also nicht in's Lichte hinein, sondern er arbeitet aus dem Dunkel heraus in's Helle; er malt farbig in Schwarz, nicht farbig in Licht.

Der Glasmaler wischt nun zunächst mit den Fingerspitzen oder mit dem Daumenballen die Halblichter heraus, die grösseren Lichter holt er mit kurzen Borstenpinseln oder mit Filzstangen heraus, wonach dann mit der Radirnadel oder mit kleinen Radirpinseln die hohen Lichter heraus gehoben werden.

Nachdem das Feld so durchgearbeitet ist, schattirt der Maler nochmals mit Schwarzloth nach; auch hierbei sind die Verfahren ver-

[1]) Wenn von Oel- oder Wasserfarbe die Rede ist, so ist selbstredend Schmelzfarbe gemeint, welche mit Terpentinöl oder Wasser (bei letzterem unter Zusatz von Zucker oder Gummi) angemengt wurde. Das ätherische Terpentinöl verfliegt, sobald der Brennofen einen gewissen Wärmegrad erreicht, während der Gummi und der Zucker verbrennt; in beiden Fällen bleibt also nur die reine Schmelzfarbe auf dem Glase zurück, mit welchem sie sich, sobald dieses im Ofen auf den nöthigen Hitzegrad gebracht ist, vereinigt.

schieden; der eine arbeitet in Schraffirmanier, der andere deckt die Schattenpartien vollständig in Tuschmanier. Wie oben bemerkt, wird

Medaillonfenster nach Levy & Campronnier.

schon beim Zuschneiden der farbigen Glasstücke auf die Schattirung Rücksicht genommen, indem man dieselben so schneidet, dass die Lichtpartien aus dem dünneren, also helleren Theil der Scheibe, die

Schattenpartien aus dem dickeren und in Folge dessen dunkleren Theil herausgeschnitten werden; die Grundfarbe des Glases scheint also auf jeden Fall durch.

Diesen Grundsatz, dass die Grundfarbe des Glases auch in den Schattenpartien der Lokaltöne durchscheinen soll, vertritt Viollet-le-Duc in seinem bereits oben angeführten Werk.

Bei der Beschreibung des Bemalens des Fenstermosaik und der Farbenzusammenstellung bei den Alten sagt der grosse Architekt ungefähr folgendermaassen: Auf diesem Gebiet waren die Alten Meister. Sie wussten, 1) dass alle Farben nur einen bedingten Werth und zwar in ihren Beziehungen zu einander haben; 2) dass bei mehreren durchleuchteten Farben die Ausstrahlung so stark und so breit ist, dass dadurch die Farbe selbst geändert oder doch abgetönt wird; 3) dass die Zeichnung und Schattirung, welche auf die Gläser aufgetragen werden, in den Hauptschatten immer die Lokalfarbe des Glases, wenn auch nur in den kleinsten Zwischenräumen, voll durchtreten lassen sollen.

Weitere Ausführungen über die oben angeführten Grundsätze, über die Farbenvertheilung, über die verschiedene Strahlung der Farben und über den Kontur finden wir ebenfalls bei Viollet-le-Duc. Vielleicht werde ich in dem Vortrage über die Geschichte der Glasmalerei hierauf zurückkommen.

Das bräunliche Schattirschwarz wird also in Tuschmanier auf das Glas aufgemalt, und diese feuerfeste Mineraltusche, mag sie lineär in Deckstärke oder als grauer durchscheinender Halbton aufgetragen sein, bleibt auch nach dem Einbrennen als eine erstarrte verkieselte Tuschlage in ihrer ganzen Masse und mit allen ihren Abstufungen auf der Glasfläche stehen.

Anders verhält es sich mit dem Silber- oder Kunst-Gelb. Schon die Zubereitung dieses merkwürdigen Färbungsstoffes ist eine ganz andere und eigenthümliche. Ein Verflüssigungs- oder Schmelzmittel, Blei- und Kieselgemenge, wie beim Schwarzloth, wird dem silbernen einbrennbaren Goldlack nicht zugesetzt. Die Alten bereiteten sich das Silbergold für ihre Glasgemälde auf folgende Art: In einem Tiegel schmolzen sie Silberstückchen und Schwefel so innig durcheinander, dass sie pulverförmiges, schwarzes Schwefelsilber erhielten.

Nach dem Erkalten und Auswaschen wurde dieser Stoff mit der zehn- bis zwanzigfachen Menge gebrannten Lehmes oder Ocker vermischt und mit Wasser zu einer breiigen Masse verrieben. In späterer Zeit wurde an Stelle des zerschmolzenen Schwefelsilbers das käufliche Chlorsilber oder Silbergelb eingeführt, und dasselbe statt mit Lehm, mit feinkörnigem Thon gemengt. — Ein solcher Silberbrei wurde auf alle diejenigen Theile des Glases, welche man im Schmelzfeuer durchsichtig vergolden wollte, auf der unbemalten (Rück-) Seite des Glases messerrückendick aufgetragen. Während sodann im Muffelofen auf der bemalten Vorderseite der Glastafel die Schwarzlothzeichnung durch Sinterung sich einbrannte, saugte die schmelzende Rückseite der Glastafel das verrauchende Silber der aufgetragenen Thonkruste gleichsam in sich ein und belegte sich mit dem tiefen als Lasur wirkenden Goldspiegel; wendet man die Lasirung auf beiden Seiten der Scheibe an, dann sieht das Glas aus wie in der Masse gefärbt. Diese festsitzende Goldbeize kommt aber erst zum Vorschein, wenn nach dem Erkalten der Glastafel die silberhaltige Thonkruste abgekratzt wird.

Spätgothisches Chorfenster in der Kirche zu Michelstadt i Odenwald.

Die Farbenstärke des Kunstgelb ist abhängig einestheils von dem prozentischen Silbergehalt des Thonbreies, anderntheils und zwar sehr wesentlich von der mehr oder weniger grossen Empfänglichkeit der verschiedenen Fensterglassorten für den Silberniederschlag. Das grünliche Glas der Alten, wie auch noch heute die sogenannten Treibhaus- oder Mistbeetgläser, sind vorzüglich geeignet, sich mit geringen Mengen jener Silbermischung und schon bei mässiger Rothgluth stark goldig zu färben und oft sogar einen orangerothen Metallton anzunehmen, während das moderne, rein weisse Tafelglas jenen Silberaufschlag weniger leicht anzieht. Alle Abstufungen von Gelb lassen sich erreichen, vom hellsten Citronengelb bis zum tiefsten Orangegelb.

Der Kunstgeschmack eines Glasmalers erprobt sich bei Grisaillefenstern an dem sinnigen Vertheilen der Kunstgoldflächen, so dass die Ornamente einerseits munter und nicht zu goldmager, andererseits nicht zu überladen mit Gold erscheinen. Meistentheils werden Perlen, und in Pflanzen- und Ranken-Ornamenten Beeren, Dolden und einzelne überspringende Wein- und Epheublätter, auch wohl stylisirte Thierleiber, Fratzen und Kronen mit Kunstgelb belegt. Niemals aber darf das spielende Gold im Grisailleglas, soll es seinen Zweck nicht verfehlen, in dem Ornament sich zu breit machen.

Bei ganz feinen Arbeiten, besonders bei der später zu beschreibenden Kabinetmalerei, muss sich der Glasmaler die frei bleibenden Theile der Staffelei abblenden, so dass nur das Glasbild selbst vom Tageslicht durchleuchtet bleibt. Diese Abblendung der Staffelei macht es dem Maler möglich, für jede Farbe sowohl, wie für jeden Kontur und Schattirstrich die Wirkung des Lichtdurchlaufs zu bemessen. Vor allem muss der Glasmaler vermeiden, bei auffallendem Licht, also bei Hinter- oder Seitenlicht, an einem Glasbilde zu arbeiten oder ein solches zu beurtheilen. Hier wird ein musivisches Glasgemälde mit seinen Bleistreifen in Farben und Zeichnung vollständig entstellt; die Farben werden stumpf, düster und schwer. Das Glasgemälde, eine bemalte Glaswand, kommt erst dann zur Wirkung, wenn es in der Mauer eingeschlossen steht, so dass kein Lichtstrahl nebenan hereinströmt; dann erst tritt die Gluth der Farben hervor; die Farben können satt und kräftig heraustreten, und die Konturen und die Schattirung zeigen jetzt erst ihre richtige Wirkung.

Deshalb werden in der hiesigen Anstalt alle fertigen Fenster in dem Ausstellungsfenster vollständig aufgestellt, wobei alles überflüssige Vorder- und Hinterlicht durch Vorhänge abgesperrt wird; so kann das Fenster im Zusammenhang, in der richtigen Entfernung und bei passender Beleuchtung beurtheilt werden. Hierbei können dann etwaige Fehler in der Zeichnung (zu starke oder zu schwache Konturen), oder in der Farbenstimmung bemerkt und durch Herausnehmen der betreffenden Stücke und Einsetzen passender Ersatzstücke richtig gestellt werden, bis das Fenster vollkommen ruhige, zusammen stimmende Wirkung zeigt.

Die Patina auf Glasmalereien.

Bevor wir nun zur Kabinetmalerei übergehen, will ich noch einige Bemerkungen über die Patina auf alten Gläsern und über die Nachahmung derselben bei neuen Kirchenfenstern machen. Man ist vielfach der Ansicht, die alten Glasgemälde verdankten ihre Farbenschönheit grösstentheils der sogenannten Patina, welche die Zeit auf ihrer Oberfläche abgelagert habe; viele Glasmaler behaupten sogar, die Glasmalereien des XII. und XIII. Jahrhunderts seien, so lange sie noch neu und blank waren, eben so schreiend gewesen wie die Glasbilder der Neuzeit. Dieses mag gelten von Glasbildern zweiten und dritten Ranges, wie solche zu allen Zeiten und besonders im XIII. Jahrhundert angefertigt wurden; jedoch trifft es nicht zu in den bessern Arbeiten jener Zeit. Die ältesten Glasmaler haben es vorzüglich verstanden, die schreienden Farbenwirkungen zu dämpfen, indem sie in linearen Schraffirungen mit Braunschwarz Verzierungen auf den farbigen Glasflächen anbrachten. Sie liessen die Hintergründe klar, ungemustert, und wählten für dieselben frisch und klar leuchtende Farbgläser; dagegen sorgten sie, dass diejenigen Farben, welche in die Bildkomposition eintraten, und diejenigen, welche die Ornamente bildeten, im Gegensatz zum Hintergrunde mit irgend einem lineär aufgetragenen schattirenden Muster versehen waren; dasselbe gab erst den verschiedenen Farben den richtigen Werth zu einander. Diese Technik der Alten, mit welcher man jede Farbe auf ihr richtiges Verhältniss zu ihren Nebenfarben abtönen kann, sollte man heutzutage mehr nachahmen, anstatt enkaustisch einen künstlichen Schmutz aufzutragen, in der Absicht, die Patina der unverstandenen alten Glasmalereien nachzuahmen, wobei man hier und da wie zufällig einzelne Stellen wie Tupfen blank und glänzend lässt, ein Kunstgriff, mit welchem allerdings mitunter auf eine bequeme Weise in den nachgemachten alten Glasgemälden Leucht und Gluthwirkungen erzielt werden. Leider ist man oft gezwungen, diese Technik dem Wunsche der Besteller gemäss auszuführen. Wie diese Fenster nach einigen Jahrzehnten aussehen werden, das lehrt ein Blick auf klar gehaltene Fenster, welche ohne künstliche Patina durch den aufgelagerten Schmutz schon nach einigen Jahrzehnten in ihren Farben gedämpft erscheinen. Bei künstlicher

Detail aus einem spätgothischen Fenster des nördlichen Seitenschiffes im Kölner Dom. (Anfang 16. Jahrh.) Nach Schmitz.

Renaissance-Fenster in der Kirche des Campo Santo Tedesco zu Rom

Die Köpfe in der Bordure, die Voreltern Christi darstellend, sind musivisch ausgeführt.

Patina müssen dann die Fenster noch dunkler, vielleicht zu dunkel werden.

Man soll ein Material, dessen Haupteigenschaften Durchsichtigkeit, Klarheit und Leuchtkraft sind, nicht durch einen Ueberzug absichtlich taub und stumpf machen, hierin liegt nicht die Kunst, den Glasbildern die nöthige Farbenstimmung zu geben. Durch lineäre Ueberschattirung der bunten gläsernen Mosaiklappen, wenn sie mit Kunst und Verständniss geschieht, wird der Einklang der Farben erst ein vollständiger, indem jede Farbe den Grad der Abdämpfung erhält, welcher ihr zukommt.

Eine eigenartige Erklärung für die schöne Farbenwirkung der alten Glasmalereien gibt Professor Brücke in seiner Physiologie der Farben für die Zwecke der Kunstgewerbe (Leipzig S. Hirzel 1887, Seite 101). „Auf antiken Gläsern," sagt der grosse Physiologe, „findet man bisweilen Schillerfarben von ausserordentlicher Schönheit und hohem metallischem Glanze. Man bezeichnet solche Gläser auch als oxydirte, aber fälschlich, indem die Farben nicht ihren Grund haben in der Auflagerung eines Oxydes, sondern darin, dass sich die äusserste Partie des Glases im Laufe der Zeit aufgeblättert hat in dünne Lamellen, welche durch Luftschichten von einander getrennt sind, so dass wiederholte Reflexionen entstehen, welche, wie im Newton'schen Farbenglase, zu Interferenzfarben Veranlassung geben. Man hat die Ansicht aufgestellt, dass die alten Glasmaler ein Verfahren gekannt hätten, diese Farben hervorzubringen; ich kann mich derselben aber nicht anschliessen. Allerdings sind die Farben von so ausserordentlicher Schönheit, dass man auf den ersten Anblick hin mehr geneigt ist, sie für einen absichtlichen Schmuck zu halten, als für ein Zeichen der Verderbniss, des Zugrundegehens, und sie übertreffen alles, was wir an verwitterten modernen Gläsern kennen so sehr, dass man kaum glaubt, nur verschiedene Stadien eines und desselben Prozesses vor sich zu haben. Man muss aber eben wohl berücksichtigen, wie viel länger bei den antiken Gläsern den langsam wirkenden Ursachen jener Veränderung Zeit gegeben war, und ausserdem, dass bei der Fabrikation der neueren Gläser mit allen Hülfsmitteln der Theorie und der Erfahrung dahin gestrebt ist, sie so zu bereiten, dass sie der Verwitterung möglichst wenig unterworfen sind.

Fenster im Zopfstyl.

Ich habe an antiken Glasstücken des österreichischen Museums diese Farben auf Bruchflächen in solcher Schönheit gesehen, dass ich nicht den geringsten Zweifel hege, dass auf demselben natürlichen Wege, wie diese, auch alle übrigen Farben entstanden sind, welche sich an den zahlreichen Stücken der Sammlung beobachten lassen. Der Gedanke, dass die Farben auf der Bruchfläche erschienen seien, weil sie von vornherein durch die ganze Masse des Glases verbreitet waren, kann demjenigen nicht beikommen, der überhaupt mit der Erscheinung und dem Wesen dieser Farben näher bekannt ist; um aber auch diesem Einwande zu begegnen, will ich bemerken, dass sich an denselben Stücken andere, offenbar neuere Bruchflächen befanden, welche keine Farben zeigten. Der Aufblätterungsprozess schreitet oft so weit fort, dass sich die äusseren Lamellen mit ihren Farben in kleinen Flittern, manchmal aber auch in grösseren Lappen, ablösen, indem sie an den Stellen, wo dies geschehen ist, eine gewöhnliche farblos durchsichtige Oberfläche zurücklassen. Diese abgeblätterten Schuppen eignen sich wegen ihrer Feinheit ganz besonders für die mikroskopische Untersuchung. Sie sind theils eben, theils mit dichtgestellten blasenförmigen Buckeln versehen und zeigen, wie das Newton'sche Farbenglas, im durchfallenden Lichte die Komplementärfarbe zu derjenigen, welche sie reflektiren. Wenn man Wasser hinzubringt, so sieht man dies zwischen die Lamellen eindringen und die daselbst befindliche Luft in Blasen heraustreiben. Dass in neuerer Zeit irisirende Gläser als solche fabrizirt werden, ist hinreichend bekannt."

b) Die Kabinetmalerei.

Bei der Kabinetmalerei (peinture en apprêt), welche sich erst seit dem XVI. Jahrhundert entwickelt hat, und welche bei monumentalen Bauten niemals angewendet werden soll, wird das Bild durch

Volkamer-Fenster in St Lorenz zu Nürnberg.

Auftragen bunter Farben auf eine weisse Glasscheibe erzielt. Diese Schmelzfarben der Kabinetmalerei sind ein Gemenge von färbenden Metalloxyden und bleihaltiger Glasmasse (Glasflüssen) oder mit andern Worten ein gepulvertes, farbiges Bleiglas. Auch diese Farben werden, wie das Schwarzloth, fertig bezogen; vor dem Gebrauch sind dieselben sorgfältig auf ihre Brennfähigkeit zu prüfen. Die Bindemittel sind dieselben wie bei der musivischen Glasmalerei, Terpentin-, Dickoel oder Wasser.

Der Maler verfügt heute über zwei verschiedene Methoden, welche er jedoch häufig auch nebeneinander bei demselben Bilde anwendet, wie denn auch manchmal bei derartigen Arbeiten die musivische Technik herübergreift.

Bei der einen Art der Technik wird die Ausarbeitung des Bildes von der Vorderseite vorgenommen, während die bunten Lokalfarben von der Rückseite flach aufgetragen werden.

Hierbei legt der Maler die blanke Glasscheibe auf einem Tische auf das wiederzugebende Bild und bringt die Konturzeichnung mit der Feder oder mit dem Pinsel in Oelfarbe[1]) auf die Scheibe. Sodann überzieht er diese mit einer Wasserfarbschicht, welche er mit dem Vertreiber gleichmässig vertheilt. Hierauf hebt er mit dem Borstenpinsel und der Radirnadel oder einem zugespitzten Federkiel die Lichter heraus. Alsdann schattirt er mit dem Pinsel mit derselben grau-braunen Farbe in den tiefsten Stellen nach. Dieses Schattiren kann mit Oel- oder mit Wasserfarbe geschehen; eine Schattirung mit Oelfarbe erfordert indessen, da die aufgetragene Schicht aus einer gleichartig angemachten Farbe besteht, grosse Vorsicht und Geschicklichkeit.

Nach dieser grau in Grau ausgeführten Ausarbeitung ist die vollständige Modellirung des Bildes erreicht.

Man könnte nun zwar sofort, noch vor dem Brennen, die Lokalfarben von der Rückseite auftragen, so dass das Bild auf „einem Feuer“ [2]) fertig würde, jedoch empfiehlt es sich, nach der Ausarbeitung grau in Grau nur die Stellen des Bildes, welche man goldig wünscht, von der Rückseite mit Silbergelb zu decken und das Bild alsdann dem Brennofen zu übergeben. Da nämlich Silbergelb alle Farben, mit welchen es in unmittelbare Berührung kommt, verdirbt, so erheischt es sehr grosse Vorsicht, wenn man solches neben bunten Farben auftragen wollte; trotz aller Vorsicht würde das Silbergelb nachtheilig auf nebenan aufgetragene bunte Farben einwirken. Auch kann man ein wunderschönes, metallisch leuchtendes Grün beziehungsweise Orange erreichen, indem man mit Silbergelb belegte Stellen eines einmal gebrannten Bildes mit Blau oder Roth deckt. Nachdem also das mit Silbergelb versehene,

---

1) Auch hier gilt die frühere Anmerkung über Wasser- und Oelfarbe.

2) Bei einmaligem Brennen.

grau in Grau ausgearbeitete Bild einmal gebrannt ist, trägt der Maler auf der Rückseite die bunten Farben auf und lässt dasselbe dann zum zweiten Male brennen. Bei dieser Art der Technik kommt die grau in Grau auf der Vorderseite ausgeführte Ausarbeitung vollkommen zur Geltung, während die auf der Rückseite aufgetragenen bunten Farben durchscheinen.

Musivisch ausgeführtes Aula-Fenster.

Die andere Art der Technik ist ähnlich der Oelmalerei. Man trägt, nachdem das Bild in seinen Konturen fertig gestellt, wie bei der erst beschriebenen Art der Technik radirt und in den tiefsten Stellen mit Oel- oder Wasserfarbe nachschattirt ist, die bunten, mit Oel angemengten Farben von der Vorderseite auf und sucht durch Zusammenmischen verschiedener Farben den Schmelz und die Weichheit der Oelmalerei zu erreichen. Hierbei muss man sehr vorsichtig zu Werke gehen. Nach dem Auftragen der bunten Farben wird das Bild sorgfältig am Feuer oder in der Luft getrocknet oder „abgeraucht", und alsdann mit einer Art Rasirmesser abgeschabt, wobei alle Unebenheiten, Staubfasern etc., welche sich nach dem Brennen auszeichnen würden, entfernt werden. Hierauf kann der Maler mit dem Ausarbeiten des Bildes weiterschreiten, und zwar legt er jetzt die breiteren Schatten (Halbschatten) in einer der Lokalfarbe verwandten Farbe an und radirt auf den höchsten Stellen mit einer scharfen Nadel hin und wieder Lichter heraus. Nun ist das Bild zum ersten Feuer fertig und wird in den Brennofen gebracht. Nachdem es diesen verlassen hat, wird es wieder übermalt, wobei die vor dem ersten Feuer aus der Farbe heraus gehobenen Lichter gedeckt werden, trotzdem jedoch im Gegensatz zu den öfter übermalten tieferen Stellen hell wirken.

Diese Kabinetmalereien erfordern oft 3 bis 4 maliges Uebermalen und Brennen; durch das Brennen erhalten die vor demselben stumpfen Farben erst ihren richtigen Glanz und ihre Lebhaftigkeit.

In der Wirkung sind beide Arten der Kabinetmalerei sehr verschieden. Die erstere wirkt mehr dekorativ und durchsichtig, sie wird meistens zu heraldischen Arbeiten verwendet. Die letztere wirkt weicher; sie schafft gleichsam durchsichtige Oelgemälde und eignet sich zur Ausführung von Portraits und Miniaturbildern. Ueber die Verwendung der Kabinetmalerei wurde schon früher gesprochen.

V. Der früher angewandte, jetzt wieder aufgegebene Glassteindruck.

Hier sei noch das Glas-Steindruckverfahren erwähnt, welches in den 60er Jahren von meinem verstorbenen Vater, Dr. H. Oidtmann, erfunden und in uneigennützigster Weise wiederholt veröffentlicht wurde.

Leider musste dieses Verfahren trotz seiner Vorzüglichkeit, nur allein wegen des dagegen herrschenden Vorurtheils, welches auch noch künstlich genährt wurde, verlassen werden.

In der hiesigen Anstalt wird seit langer Zeit dieses Verfahren nicht mehr ausgeführt; die Anstalt arbeitet nur noch in echter Handglasmalerei.

Der Erfinder des Glassteindrucks, mein seliger Vater, schreibt in seinem Werk „Die Glasmalerei in ihrer Anwendung auf den Profanbau" Folgendes: „Der musivische Steindruck auf Fensterglas, auf weisses sowohl wie auf farbiges, bildet einen bedeutsamen Abschnitt in der Geschichte der Glasmalerei. Dieser mechanische Druck mit enkaustischen Glasfarben bringt Klärung und Scheidung zwischen die zwei Gebiete des Kunstgewerbes und der reinen Kunst, soweit beide in der ausführenden Glasmalerei sich berühren; ja, dieser enkaustische Glasteppichdruck scheint dazu berufen, die mechanische Seite der Kunstglaserei zu veredeln und ihre künstlerische Seite von den untergeordneten Hantirungen zu befreien. Gleichwie der Holzschnitt und seine graphischen Derivate das mittelalterliche Handkopiren der Mönche überflüssig machten, und später der Druck der Wandtapeten nicht dem Historien- und Freskomaler, wohl aber dem Anstreicher das Handwerk der Wandbeschmierung legte: gerade so wird der Teppichdruck des Fensterglases in seiner heutigen Ausbildung die Kunstverglasung der Profan- und

Kirchenbauten im Charakter der alten chromatischen Glasmalerei vervollkommnen und verallgemeinern."

„Die zur Ausführung gelangenden Kunstverglasungen bestehen zum grösseren Theil ihrer Fläche aus lineären, bis zur Undurchsichtigkeit gleichmässig gedeckten Ornamentkonturen. Tusch- und Aquarellmanier ist bei monumentalen Kunstverglasungen ausgeschlossen. Nun sehen wir in allen Jahrhunderten die Glasmaler sich abmühen, Hülfsmittel zum mechanischen Auftragen dieser Glasmalereikonturen zu ersinnen; allein sie brachten es nicht über Messingschablonen[1]) und über das schablonirende Ausbürsten der groben Ornamente hinaus. Erst der Steindruck mit Schwarzlothfarbe auf Glasscheiben hilft dem Glasmaler, musivische Glastapeten in unbeschränkter Musterung mechanisch herzustellen, und macht den Meister unabhängig von dem Stümperwerk seiner Lehrjungen.

Einfache Verbleiung mit leichtem Ornament; Medaillon in Kabinetmalerei.

Als in den 60er Jahren der lithographische Glasdruck aufkam, da wurde von Seiten der Archäologen, Maler und Architekten anfangs viel Lärm gemacht gegen das neue Verfahren[2]). Man wollte in dem Bedrucken der Glastafeln, obschon dasselbe ein enkaustisches war, eine Profanation der altehrwürdigen Kunst erblicken und suchte, die An-

---

[1]) Ein auch heute noch sehr beliebtes und häufig angewandtes Verfahren, jedoch für die Gesundheit des ausführenden Arbeiters wegen des Bleioxydstaubes sehr nachtheilig und sowohl aus diesem Grunde, als auch wegen der schlechten technischen Wirkung aus der hiesigen Anstalt verbannt. Bei diesem Verfahren wird eine aus einer dünnen Messingplatte gefertigte Schablone, welche das im Teppich sich wiederholende Muster enthält, auf die mit einer starken Wasserfarbschicht gedeckte Glasscheibe gelegt; mit einer Bürste fährt alsdann ein Arbeiter über die Schablone hin und her, bis die Theile des Glases, welches die Schablone frei lässt, blank, d. h. von der sie bedeckenden Farbe rein gebürstet sind. Auf den von der Schablone gedeckten Theilen des Glases bleibt dann die Farbe stehen und bildet das Ornament.

[2]) Berechtigt, soweit es sich um Figurendruck handelte.

wendung bedruckten Glases allerwärts, und zwar nicht selten mit den unredlichen Mitteln der Verleumdung, zu hindern. Zufällige Mängel gebrannter Glasdruckscheiben, welche mit dem Druckverfahren als solchen nichts zu schaffen hatten, wurden der neuen Methode zur Last gelegt. Bedenken gegen die Haltbarkeit und monumentale Dauerhaftigkeit des aufgedruckten im Gegensatz zum aufgemalten Schwarzloth wurden allenthalben laut. Trotzdem das Königl. Ministerium sich den Baubehörden des Landes gegenüber empfehlend für die Tragweite des neuen Verfahrens in den Amtsblättern ausgesprochen, und chemische Expertisen die vorzügliche Haltbarkeit[1]) der aufgedruckten Glasschmelzfarben nachgewiesen hatten, wollte die bauende Welt bis in die Neuzeit an die Solidität des grossen glastechnischen Fortschrittes nicht glauben.

Reich ausgeführtes, musivisches Treppenfenster.

Verkehrt war der Vorwurf, den man dem Glasdruck machte: er setzte an die Stelle des Malers den Drucker, an die Stelle des belebten Malpinsels die leblose, prosaische Steindruckpresse. Ja, wenn es wahr wäre, dass ein Kupferstich oder vollendeter Holzschnitt grosser Meister den Handzeichnungen unbeholfener Lehrlinge nachstehen müssten, dann freilich, aber auch nur dann würden diejenigen Recht haben, welche im vollendeten Glasdruck die Verdrängung einer edleren Konturmalerei erblickten. Nicht die Glaspresse ist es, welche den virtuosen Glasmaler, sondern der geübte Steinmaler, der autographirende Glasmaler ist es, welcher beim enkaustischen Druckverfahren die unsichere Hand der kopirenden Lehrlinge vortheilhaft ersetzt.

Es war selbstverständlich, dass der Glasdruck in die Glasmalerei, besonders in die Grisaille mehr künstlerische Haltung und mehr Reinheit der Schraffirtöne bringen musste. Von Monotonie, Steifheit und Mangel individuellen Ausdrucks kann beim Glasdruck eben so wenig die Rede sein, wie bei einer Radirung oder bei einem guten Kupferstich der kopirende Grabstichel dem Karton die Orginalität benimmt.

Das Verfahren, auf Glas durch Steindruck Verzierungen zu übertragen, ist nicht so leicht und einfach, wie seine Ausführung sich ansieht.

---

[1]) Hier gilt das oben über Farben u. Farbenfabriken Gesagte.

Es beruht im Allgemeinen auf Ueberdruck, indem die Steinzeichnung mit Schmelzfarbe auf präparirtes Papier gedruckt, und dieser Papierabdruck sodann durch Ueberwalzen auf die Glasscheiben abgezogen wird. Ein solcher mittelbarer Abzug auf Glas, und sei er mit dem tiefsten Deckschwarz ausgeführt, wird schon ungebrannt, gegen das durchfallende Licht gehalten, nicht decken, sondern nur schwach grau erscheinen. Brauchen wir doch nur irgend einen papiernen Druckbogen glasklar zu ölen und gegen das Tageslicht zu halten, so wird die Druckerschwärze sich nicht mehr als schwarz, sondern als mattes hellgrau zeigen. Dieser Mangel an Deckkraft würde noch fühlbarer werden, wenn man solche bedruckte Glastafeln unverstärkt in Rothgluth versetzen und einbrennen wollte. Das Glasschwarz besteht nur zu $^1/_4$ aus deckendem Metallkörper; $^3/_4$ seiner Mischung sind nur ein Pulver leicht schmelzbaren, durchsichtigen Glases, welches in der Schmelzmischung dieselbe Lösungs- und Verdünnungsrolle spielt, wie bei der Schreibtinte und bei Tusche und Aquarellfarben ein Wasserzusatz. Ein unverstärkter Glasaufdruck würde daher durch das Einschmelzen noch mehr verblassen und beinahe spurlos vom Glase verschwinden. — Der Aufdruck wird daher zunächst durch Bronziren mit feinst gepulverter schmelzbarer Glasfarbe (beim Schwarzdruck mit Schwarzloth) auf ein Mehrfaches verdickt, zu einer Art Reliefzeichnung gemacht. Da aber die lockere Schicht der trockenen Schmelzbronze ein Blankputzen der nicht bedruckten Glaspartien nicht aushalten würde, und da ohnedies die aufgepuderte Farblage noch immer nicht ausreicht, nach dem Einbrennen dem Druck die erforderliche Sättigung zu geben, so muss das bedruckte und bronzirte Glas vor dem Einbrennen noch einem Fixirungs- und zweiten Verstärkungsprozess unterworfen werden; durch Zementirung mit ein und derselben kieselreichen Schmelzfarbe, mit welcher auch gedruckt war, wird die Zeichnung so stark in sich selbst gehärtet und an das Glas befestigt, dass über die steinharten Druckconturen hinweg, ohne die geringste Verletzung der kleinsten Striche und Punkte, die Glasoberfläche klar geputzt werden kann. In diesem Zustande erst werden die bedruckten Glasstücke, farbige und weisse, zum Einschmelzen in den Glasofen geschoben und genau so wie die mit dem Pinsel bemalten Gläser bei Kirschrothgluth gebrannt. In Bezug auf Haltbarkeit ist also eine bedruckte Glasscheibe dasselbe, was eine bemalte ist. In Deckkraft und Strichführung kann der Schlepppinsel sich nicht mit dem Grabstichel des Glasdruckes messen.

Der enkaustische Druck dient verschiedenen Zwecken.

Die hauptsächlichste Anwendung des Druckes ist zur Herstellung des Grisailleteppichs und der verwandten Fabrikate, wie der musivisch farbigen, schwarz gemusterten Borduren und Quadern. Für dieses Genre werden die Muster nur mit schwarzer Schmelzfarbe und zwar möglichst deckend auf weisses und auf farbiges Tafelglas aufgedruckt, sei es, dass die Dessins klar zwischen Konturen auf Grisailgrund, oder dass sie als schwarze Silhouettelinien auf blankem Glasgrunde stehen. Wir begegnen dieser Art Schwarzdruck meist in Kirchenfenstern auf grossen Flächen, ebenso in Treppen-, Erker- und Balkonfenstern.

Eine zweite Art des enkaustischen Druckes ist der Weissdruck auf Glas. Er wird auf farbloses Glas angewandt und erzeugt den Eindruck einer Aetzmanier. Hier werden, umgekehrt wie beim Schwarzdruck, nur die Lichter gedruckt, welche dann nach dem Einbrennen wie körnige, matte, geätzte Stellen aussehen. Das blanke Glas erscheint nämlich neben den mattweissen Dessinlinien dunkel und als Schattenpartien, ähnlich wie auf schwarzlackirten Blechwaaren der bekannte Silberbronzedruck auf dem dunklen Lackgrund durch Lichtirung und nicht durch Schattirung zeichnet. — Auch mousselin- oder ätzartige Borduren und Quadern werden durch den Weissdruck hergestellt" [1]).

So der Erfinder des Druckverfahrens.

Nur in *einem* Punkte gingen die Hoffnungen des Erfinders des Glassteindruckes zu weit, nämlich bezüglich der Anwendung des Druckes bei figuralen Glasmalereien. So vorzüglich nämlich dasselbe für die Herstellung von Teppichen, also für häufig sich in einem Fenster wiederholende Muster als Ersatz des mechanischen Schablonirverfahrens sich eignete, so wenig passte er für die Herstellung von Figuren.

In erster Linie war der Druck für derartige Arbeiten zu theuer, indem ein und dieselbe Figur nur in höchst seltenen Fällen wiederholt in derselben Grösse und derselben Darstellung angewandt werden konnte, da die Grössenverhältnisse von Kirchenfenstern stets verschieden sind, und die Figur oder Gruppe der Grösse angepasst werden musste, und sodann auch, weil die Wünsche der Auftraggeber in Bezug auf die Darstellungsweise ein und derselben Figur oder Gruppe stets auseinander gehen; in zweiter Linie wurden aber auch die Schattenschraffirungen und Konturen durch den Druck zu hart. *Der Erfinder selbst hat in Folge dessen auch die Anwendung des Druckes für Figuren schon kurze Zeit nach der Erfindung fallen lassen.*

Auch die Herstellung von Teppichen durch Druck wurde, wie schon bemerkt, trotz der damit verbundenen Vorzüge, wegen des gegen das Verfahren herrschenden und künstlich genährten Vorurtheils *in der hiesigen Anstalt schon längst verworfen.*

---

[1]) Dieser Weissdruck hatte mit der eigentlichen Glasmalerei absolut nichts gemein und ist mit derselben in keiner Weise zu vergleichen; derselbe war vielmehr nur eine Nachahmung der mit der Glasmalerei nicht verwandten Mousselinscheiben.

VI. Das Einbrennen der Farben.

Ehe die bemalten Glasstücke den Verbleiern zum Zusammensetzen übergeben werden, müssen sie gebrannt werden. Das Einbrennen ist einer der wichtigsten Punkte in der Technik. Erst durch vorsichtiges und vollkommenes Einbrennen erhalten die Farben ihre Vollendung. Den Einfluss des Brennens auf die Farben der Kabinetmalerei habe ich schon oben erwähnt.

Auch bei der musivischen Glasmalerei, wobei, wie gesagt, nur Schwarzloth und Silbergelb verwendet wird, brennt viel von der Schattirung nieder, so dass Theile, welche vor dem Brennen zu schwarz und düster erscheinen, nach diesem Vorgang die richtige Wirkung zeigen.

Reich ausgestattetes musivisches Ornamentfenster.

Die Lokalfarben, welche, wie oben auseinandergesetzt wurde, in dem Glase selbst enthalten sind, dürfen sich im Brennen nicht mehr ändern; alles neu angeschaffte farbige Glas muss deshalb einer scharfen Probe auf seine Brennfähigkeit unterworfen werden. Zu dem Zwecke lässt man Stücke desselben brennen, um sich zu vergewissern, ob die Farbe im Feuer nicht nachdunkelt oder ob das Glas keine anderen für die Technik unangenehme Eigenschaften besitzt.

Heute sind in der Glasmalerei zwei verschiedene Brenn-Oefen in Gebrauch.

Zunächst über den älteren Ofen, die Muffel.

Die Muffel ist im Wesentlichen ein aus Eisen oder Chamotte hergestellter, an der vorderen Seite offener Hohlraum, welcher derart über einer Feuerungsanlage angebracht ist, dass thunlichst gleichmässig alle seine Wände erhitzt werden können. Zu diesem Zwecke führen an allen Wandungen Zugkanäle für die Flammen vorbei, welche behufs Regelung einzeln abgesperrt werden können. An der oberen Wandung befinden sich eine oder mehrere Abzugsröhren, welche das

Abziehen der beim Erhitzen der Muffel sich aus den Farben entwickelnden Dämpfe ermöglichen. In der Muffel lassen sich übereinander 10—20 eiserne Platten anbringen; auf diese Platten werden die zu brennenden Glasstücke gelegt. Um ein etwaiges Anbacken des Glases zu verhindern, und um Unebenheiten der Platten auszugleichen wird vorher auf letztere eine dünne Schicht gutgetrockneter, pulverisirter Kreide gestreut. Sind sämmtliche Platten in der Muffel, so wird dieselbe mit einer eisernen Verschlussthüre, an welcher sich ein eisernes Beobachtungsrohr befindet, geschlossen und mit Lehm zugekittet, sodass das in der Muffel befindliche Glas gegen Rauch, Aschentheilchen und andere durch das Feuer verursachte Niederschläge geschützt ist. Sodann wird auch an der vorderen Seite durch Aufführen einer kleinen Mauer der Zugkanal hergestellt. Hierauf wird der Ofen angeheizt, und das Feuer langsam und vorsichtig verstärkt, damit das Glas nicht zu schnell erhitzt wird und durch den schnellen Temperaturwechsel springt. Etwa drei Stunden nach dem Anstecken des Feuers kann man durch das Beobachtungsrohr, welches vorn durch die aufgeführte Mauer hervortritt, sehen, wie die Muffel im Innern roth wird. Es kommt jetzt darauf an, die Hitze so zu regeln, dass sämmtliche Theile der Muffel gleichmässig erhitzt werden und zwar durchweg bis zu starker Rothgluth. Verschiedene Vorrichtungen zur Ueberwachung des Hitzegrades haben sich bei uns nicht bewährt; es ist hier vielmehr die Erfahrung des Brenners maassgebend. Um einen Anhaltspunkt zu haben, legt derselbe mehrere sogenannte „Wächter", schmale Streifen Glas von verschiedenem Schmelzpunkt in den Ofen und zwar mit den Endpunkten auf Stücke Ziegelstein; sobald diese Streifen Glas weich werden, senken sie sich in der Mitte und der Brenner erkennt hieran den Hitzegrad des Ofens.

Der hier in Betrieb befindliche grössere Muffelofen brennt zwischen 10 und 12 Stunden, der kleinere 8 Stunden. Sobald der Brenner erkennt, dass der Ofen zur Genüge erhitzt ist, zieht er das Feuer aus. Die Muffel bedarf alsdann nach einiger Zeit Nachgluth und einer Abkühlung von 14—15 Stunden.

Gilt die Muffel auch heute noch als bestes Ofensystem für Glas, so besitzen wir doch zum Brennen kleinerer Glasstücke in dem offenen oder Schnell-Ofen eine durchaus vollkommene Ergänzung der Muffel.

Ein gewölbter, muffelartiger Kasten aus Guss-Eisen von ca. 20 cm Scheitelhöhe und 50 cm Breite an der Grundfläche ist derartig über einer Feuerung angebracht, dass hauptsächlich die aus einer Chamotteplatte bestehende Bodenfläche erhitzt wird, während, wie auch bei der Muffel, die Flammen durch rings um den Kasten führende Zugkanäle dessen Wände gleichmässig berühren. Die für den Ofen bestimmten Brennplatten, welche auch vor Auflegen des Glases mit einer dünnen Kreideschicht bestreut werden, bestehen aus starkem Eisenblech.

Der Ofen wird auf starke Rothgluth erhitzt und alsdann werden die Platten mit einer langen Gabel einzeln in denselben hineingeschoben; nach 10 bis 12 Minuten Verweilens in dem vollständig erhitzten Ofen ist das auf der Platte liegende Glas fertig gebrannt. Die erste Platte beim Beginn des Brennens wird in den Ofen gebracht, ehe dieser die volle Hitze erreicht hat, damit sich das Glas nicht zu plötzlich erhitzt, vielmehr langsam angewärmt wird. Hat der Ofen sodann den nöthigen Hitzegrad erreicht, so bleibt die Platte noch ca. 10 Minuten in demselben und ist dann fertig gebrannt.

Die folgenden Platten werden, ehe man sie dem Brennofen übergibt, in einen eisernen, an den Längsseiten mit gleichlaufenden Leisten versehenen Kasten geschoben, wo sie langsam angewärmt werden. Die zum Anwärmen nöthige Hitze wird erzeugt durch die den Ofen verlassenden glühenden Platten, welche zum Abkühlen in denselben Kasten geschoben werden. Abgesehen von dem schnellen Verfahren, liegt der Hauptvorzug des Ofens noch darin, dass die für manche Farben[1]) nachtheilige Nachgluth vermieden wird, und dass mangelhaft gebrannte Stücke sofort wieder, nöthigenfalls nach vorheriger Uebermalung, dem Feuer übergeben werden können, wodurch manche unliebsame Verzögerung wegfällt.

Alle gebrannten Glasstücke werden nach dem Abkühlen sorgfältig auf die Haltbarkeit der eingebrannten Farben geprüft und dann den Glasern übergeben, welche die einzelnen Stücke nach dem Karton zusammenstellen und in der oben beschriebenen Weise zusammensetzen, verbleien.

[1]) Hier sind die im Glase enthaltenen Naturfarben gemeint.

VII. Verpackung, Einsetzen (Montiren) und Maassnehmen der Fenster.

a) Die Verpackung und das Montiren.

Grosse Sorgfalt ist auf die Verpackung der fertigen, zum Versandt bestimmten Glasmalereien zu verwenden. Als erster Grundsatz ist hier aufgestellt, dass die Felder aufrecht stehend verpackt und auch befördert werden.

In der Mitte musivisch ausgeführte Figur; Gold-Ornament; Medaillon-Einlagen in Kabinetmalerei.

Zu diesem Zweck müssen die Kisten recht stark gebaut und mindestens 25—30 cm länger und höher sein als die Glasfelder selbst. Die Felder werden mit dünnen Heu-Zwischenlagen zusammengestellt und dann in der senkrecht stehenden Kiste mit Heu- oder Strohwulsten fest gepackt. Hierbei ist zu beachten, dass der Druck der Packung auf die Seitenfläche des Glases ein gleichmässiger sei; vor allem darf das Ausfüllen der leeren Räume mit Stroh oder Heu nicht gewaltsam geschehen. Verkehrt ist es, aus Sparsamkeit zu viele Tafeln in eine Kiste verpacken zu wollen. Kleinere Glasmalereien verpackt man auch in Watte. Ueber See gehende Sachen werden in Doppelkisten verpackt; der Zwischenraum zwischen der inneren und äusseren Kiste wird ebenfalls mit Heu ausgefüllt.

Nun noch zum Schlusse die Arbeiten des Monteurs.

Die Thätigkeit des Monteurs besteht im Maassnehmen und dem Einsetzen der Fenster. Beides muss sehr sorgfältig ausgeführt werden und erfordert einen zuverlässigen Arbeiter.

Gegen das Ende des XII. Jahrhunderts besassen die Fenster noch keine Maasswerke, keine Steinrippen; man war daher genöthigt, die weite Lichtfläche für das Glas durch Eisenstangen zu gliedern. Die verbleiten Glasfelder durften der besseren Widerstandsfähigkeit und der Haltbarkeit wegen nicht zu gross sein, höchstens 60—80 cm im Geviert. Die Eiseneintheilung der Fenster war anfangs einfach, sie bestand nur aus waagerechten und senkrechten Eisenstäben. Nach und nach wurden die Eisenrahmen gebogen und verschiedenartig geformt; der Schlosser richtete das Eisenwerk nach den Haupt-Medaillons der Fenster; so kamen jene Eiseneintheilungen der Fenster in Kreise und Vierpässe, in auf Winkel gestellte Quadern, in verschlungene Kreise etc. zu Stande.

Musivisch ausgeführtes Wappen.

Gegen die Mitte des XIII. Jahrhunderts begann man, die Fenster mit Steinrippen und mit mehr oder weniger reichem Maasswerk zu versehen; im XIV. Jahrhundert begegnen wir den gemusterten Eisenrahmen überhaupt nicht mehr. Nur senkrechte und waagerechte Eisenstangen kommen jetzt neben der Steinpfosten-Eintheilung zur Anwendung.

b) Das Maassnehmen.

Beim Maassnehmen zeichnet der Monteur sich die Fenster in kleinem Maassstab auf und schreibt nun die sorgfältig und genau genommenen Höhen- und Breitenmaasse der durch die Steinpfosten und Quereisen abgetheilten Felder im Falz und im Lichten auf. Ferner ist die Breite der Steinpfosten und des Eisenwerks anzugeben, sowie die Tiefe des Falzes, und ob letzterer innen oder aussen liegt. Von den

Theilen, von denen genaue Maasse nicht genommen werden können, wie bei Maasswerk, Pässen und Bogen, sind Papierausschnitte, Schablonen zu machen, auf welchen man noch durch Zeichnung einer senkrechten Linie ihre Lage zur Senkrechten des Fensters bezeichnet. Auch ist die Zahl der anzubringenden Luftflügel anzugeben. Ferner ist der Zwischenraum zwischen den einzelnen Fenstern, sowie deren Entfernung vom Boden und die Himmelsrichtung, nach welcher sie liegen, zu bemerken. Auch muss angegeben werden, ob die zu verglasenden Fenster volles Licht bekommen, oder ob dieses durch vorliegende Gebäude, Bäume oder dergleichen gedämpft wird.

Treppenfenster.

Hieran schliesst sich noch eine kurze Beschreibung des Styles und des Alters der Kirche, der inneren Ausschmückung usw.

Bei allen Bauten ist auch die Angabe der Entfernung, in welcher die Fenster hauptsächlich wirken sollen, wichtig.

Nach der mehr oder weniger grossen Entfernung müssen sich die Grössenverhältnisse der Figuren, der Architektur und des Ornamentes sowohl als auch besonders die ganze Ausarbeitung, die Schattirung richten. Bei dem Auge nahestehenden Fenstern müssen die Konturen und die Schattirung zarter ausgeführt werden, während feine Konturen und leichte Schattirung auf grosse Entfernung nicht nur nicht zur Geltung kommen, sondern das Fenster in der Zeichnung flau und verschwommen erscheinen lassen würden. Umgekehrt würden kräftige Konturen in der Nähe zu schwer wirken. Es muss ein bestimmter Maassstab angenommen werden. „Am meisten wird das Einnehmen dieses Standpunktes," schreibt Maertens in der Vorrede zu seinem vortrefflichen Buche „Der optische Maassstab"[1]), der Innenarchitektur und zwar ganz besonders der mit ihr eng verbundenen gewerblichen Kunst zu gut kommen, weil gerade letztern Kunstobjekten vielfach der richtige oder sichere „Maassstab", d. h. die formenlogische Regelung des relativen Grössenverhältnisses fehlt. Hier zu plumpes, dort zu fein

[1]) „Der optische Maassstab" oder die Theorie und Praxis des ästhetischen Sehens in den bildenden Künsten von H. Maertens, Kgl. Baurath, Berlin, Ernst Wasmuth 1884.

getheiltes Pflanzenornament, hier das figürliche Ornament zu puppenhaft, dort zu riesig. — Die gewählte Formendeutlichkeit passt wohl, wenn das Object ganz in der Nähe betrachtet wird, doch später auf den Ort gestellt, für den es eigentlich bestimmt ist, erscheint die zu feine Durcharbeitung wie eine Zeitverschwendung, weil alle ihre Mühen dem Auge im Nebel der Undeutlichkeit verschwinden. — An andern Stellen, ebenso fehlerhaft, drängt sich die zu grobe Durcharbeitung des Ornaments dem Beschauer unharmonisch auf und schädigt dadurch den in erster Linie zu erstrebenden Gesammteindruck."

c) das Einsetzen.

Die Quereisen, $3^1/_2$—4 cm breit und $1^1/_2$—2 cm dick, sind mit den Enden beiderseits in die Mauer eingemauert; rechtwinkelig auf dieselben sind an ihren freien Enden durchlochte Zapfen festgenietet. Die Felder werden nun in den in das Steinwerk eingemeisselten Falz oder den in der Mauer angebrachten Anschlag eingelassen; unten ruhen sie auf den rechtwinkelig abstehenden Zapfen. Auf den Querschienen ist, ehe das Feld eingesetzt wird, eine Lage Kitt anzubringen, in welche dasselbe eingedrückt wird. Ist das verbleite Feld in die für dasselbe bestimmte Lage gebracht, so wird die sogenannte Deckschiene, welche zum Durchlassen der auf den Quereisen befestigten Zapfen (sogenannten Kloben) mit Oeffnungen versehen ist, aufgelegt und durch Eintreiben keilförmiger Splinte oder auch durch Mutterschrauben befestigt.

Beim Einsetzen ist darauf zu achten, dass die bemalte rauhe Seite des Glases stets nach Innen kommt, sowie dass die einzelnen Felder in der Zeichnung genau auf einander stehen.

Selbstverständlich darf die Grösse der Felder eine gewisse Grenze nicht überschreiten, weil sie dem Druck des Windes und der eigenen Schwere widerstehen müssen. Um die Fenster gegen Wind und Wetter widerstandsfähiger zu machen, und um zu verhüten, dass die einzelnen Felder in Folge ihrer eigenen Schwere in sich zusammenknicken, werden noch mit den Quereisen parallel laufende Windruthen auf Abstände von 25—30 cm angebracht. Diese Windruthen sind entweder rund oder viereckig, und haben eine Dicke von 8—10 Millimeter; um dieselben gegen Verrosten zu schützen, werden sie verzinkt oder lackirt. Bei Figurenfenstern müssen die Windruthen an Stellen, wo sie stören würden, so gebogen werden, dass sie über einen Hauptkontur des Gemäldes gelegt werden können. An den Seiten werden die Windruthen im Falz befestigt; mit den Feldern werden sie verbunden durch Bleihaften, welche auf das Bleinetz des Fensters aufgelöthet, um die Windruthen gelegt, fest angezogen und alsdann verlöthet werden.

Die Felder sind von Innen und Aussen gut zu verkitten und zwar in der Mauer oder in dem Steinfalz mit Cement, bei den Eisensprossen mit Glaserkitt. Ausserdem muss bei den breiten Quereisen wegen des

Schlagregens auch von Aussen noch ein schräger Kittfalz angebracht werden.

Am Fusse des Fensters ist eine Vorrichtung von Zink, Walzblech oder Zement zum Ablassen des sich im Innern an den Fenstern bildenden Schwitzwassers anzubringen.

Nicht zu vergessen sind die Lüftungsflügel, welche in der Regel die Grösse eines Feldes einnehmen. Sie werden so angebracht, dass sie sich entweder in der Mitte um eine Achse drehen oder durch seitwärts angebrachte Angeln öffnen lassen.

Noch zu erwähnen sind Drahtgitter, welche vielfach zum Schutze kostspieliger Fenster gegen starken Hagelschlag oder Steinwürfe von Aussen angebracht werden. Da diese Drahtgitter, namentlich bei auffallendem Sonnenlicht, die Wirkung der Fenster einigermaassen stören, hat man auch schon versucht, diese durch Spiegelscheiben von Aussen zu schützen. Bei Fenstern, welche aus starkem Antikglas gefertigt sind, wird eine Schutzvorrichtung nicht so sehr nöthig sein, da dieses Glas sehr dick ist, und einem nicht gar zu starken Hagelschlag oder Steinwurf widerstehen würde.

Das Einsetzen der Fenster muss mit der grössten Sorgfalt geschehen, und es ist rathsam, dies durch einen erfahrenen Monteur besorgen zu lassen. Schon beim Auspacken ist grosse Vorsicht anzuwenden, da die Felder nicht gebogen werden dürfen.

Bei kleineren Profanfenstern ist das Einsetzen einfacher; man bringt die Glasmalereien in Eisenrähmchen an, welche, zum Oeffnen eingerichtet, auf den Holzrahmen des Fensters aufgeschraubt werden, oder man legt sie direct in einen Falz, in welchen die Felder durch aufgenagelte Leistchen befestigt werden.

Dies ist in Grundzügen die Technik der Glasmalerei. Zur weiteren Belehrung kann der Besuch einer Anstalt, ganz besonders den Interessenten, nicht genug empfohlen werden.

In der Linnicher Kunstanstalt werden sie jederzeit bereitwillige Aufnahme finden.

Inhalts-Verzeichniss.

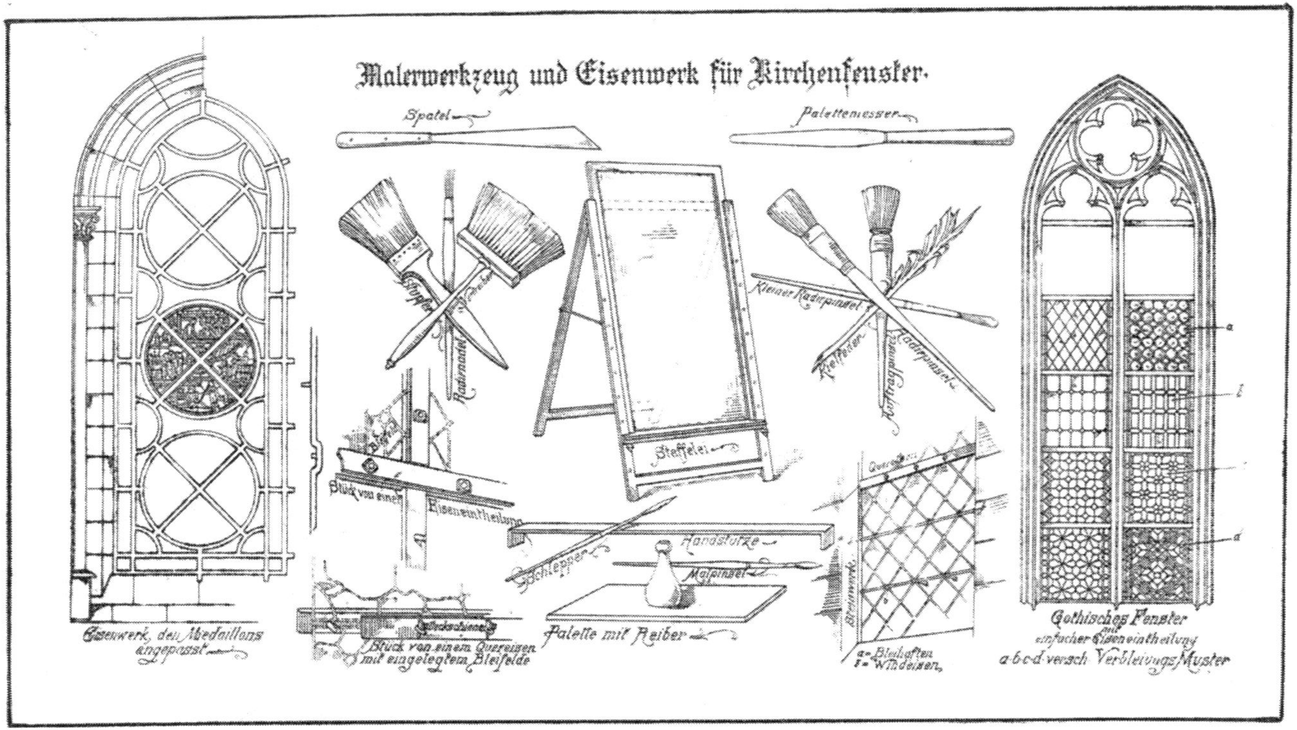
Malerwerkzeug und Eisenwerk für Kirchenfenster.
Spatel
Palettemesser
Staffelei
Kleiner Radirpinsel
Handstütze
Schlepper
Malpinsel
Palette mit Reiber
Eisenwerk, den Medaillons angepasst
Stück von einem Quereisen mit eingelegtem Bleifelde
Stück von einer Eiseneintheilung
a = Bleihaften
b = Windeisen
Gothisches Fenster mit einfacher Eiseneintheilung
a-b-c-d versch. Verbleiungs Muster

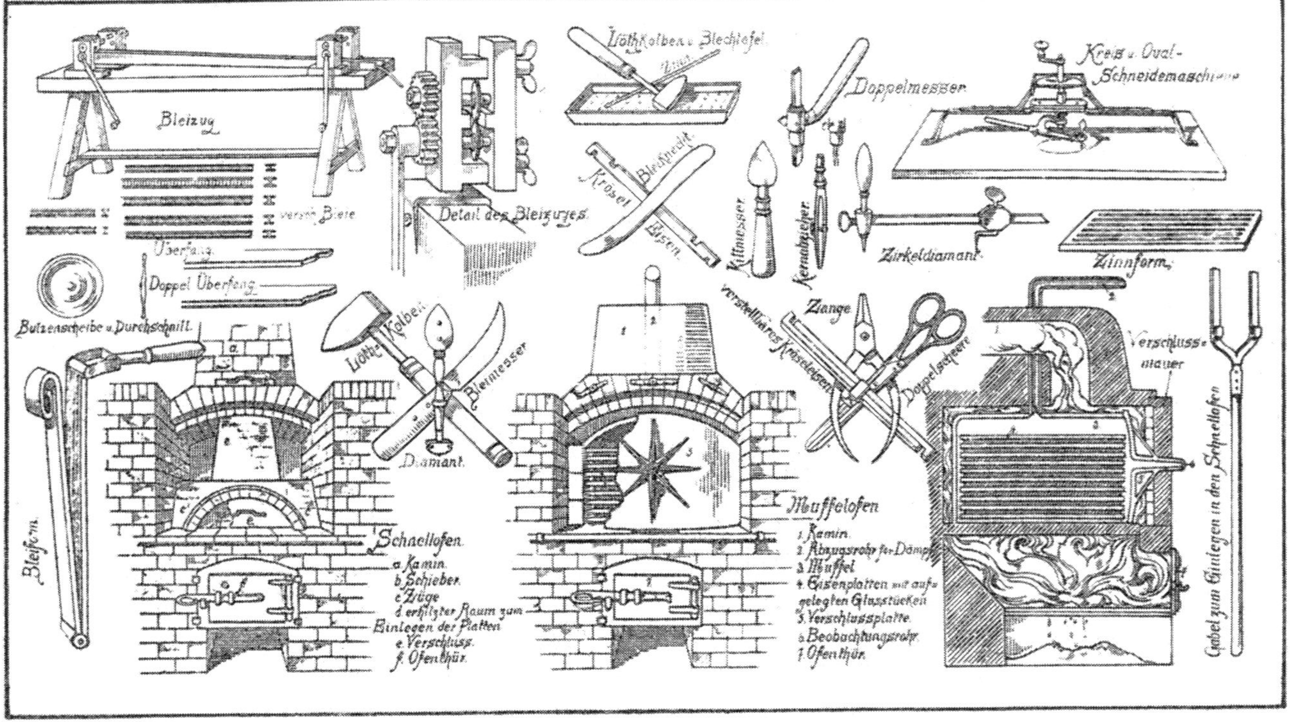
Bleizug
Detail des Bleizuges
Löthkolben u. Blechtafel
Doppelmesser
Kreis u. Oval-Schneidemaschine
Blechrecht
Krösel Eisen
Kittmesser
Kernabzieher
Zirkeldiamant
Zinnform
verschiedene Bleie
Überfang
Doppel Überfang
Butzenscheibe u. Durchschnitt
Löthkolben
Bleimesser
Diamant
verstellbares Kröseleisen
Zange
Doppelschere
Verschluss-mauer
Bleiform
Schnellofen
a. Kamin
b. Schieber
c. Züge
d. erhitzter Raum zum Einlegen der Platten
e. Verschluss
f. Ofenthür
Muffelofen
1. Kamin
2. Abzugsrohr für Dämpfe
3. Muffel
4. Eisenplatten mit aufgelegten Glasstücken
5. Verschlussplatte
6. Beobachtungsrohr
7. Ofenthür
Gabel zum Einlegen in den Schnellofen

Printed in Dunstable, United Kingdom

91222382R00045